KB250595

소녀의
첫화장
시크릿
박스

소녀의 첫 화장 시크릿 박스

ⓒ이나경 2013

초판 1쇄 발행일 2013년 11월 28일

지 은 이 이나경
펴 낸 이 이정원

출판책임 박성규
편집책임 선우미정
편집진행 김솔
디 자 인 김지연 · 김세린
편   집 김상진 · 한진우 · 김재은
마 케 팅 석철호 · 나다연
경영지원 김은주 · 이순복
제   작 송세언
관   리 구법모 · 엄철용

펴 낸 곳 도서출판 들녘
등록일자 1987년 12월 12일
등록번호 10-156
주   소 경기도 파주시 교하읍 문발리 출판문화정보산업단지 513-9
전   화 마케팅 031-955-7374   편집 031-955-7381
팩시밀리 031-955-7393
홈페이지 www.ddd21.co.kr

I S B N 978-89-7527-657-6(13590)

소녀의 첫화장 시크릿 박스

이나경 지음

들녘

1교시
맨얼굴 19

- 마의 16살 잘 넘기기 20
- 나의 피부는 어떤 타입일까? 25
  피부 ZONE 체크하기 | 피부 타입 측정하기
- 지긋지긋한 여드름, 완전정복하기! 30
  여드름에 대해 잘못 알려진 오해들 | 여드름을 악화시키는 요소들 | 여드름 피부가 피해야 할 제품에는
  무엇이 있을까요? | 여드름 피부가 찾아야 할 제품은 무엇일까요? | 일주일 만에 여드름을 반으로 줄이
  는 방법
- 집에서 뷰티 살롱 피부 관리 따라 하기 38

2교시
기초화장 47

- 기초화장 전 준비해야 할 것들 48
- 기초 화장품의 종류와 피부 타입별 선택 51
- 아이 크림과 에센스, 꼭 발라야 하는 걸까? 58
- 기초 화장품, 꼭 순서대로 발라야 할까? 64

3교시
자외선 차단제 69

- 자외선 차단제가 뭐야? 70
  자외선 차단제가 중요한 이유 | 다양한 타입의 자외선 차단제, 그 선택은? | 자외선 차단제, 제대로 바르
  재! | 자외선 차단제 주의사항

4교시

피부 화장 81

- 화장? 너희는 안 해도 예뻐! 82

   메이크업 베이스의 종류

- 파운데이션과 BB크림, 어떤 걸 선택할까? 91

   다양한 종류의 파운데이션, 그 선택은? │ 계절이 바뀌면 피부 화장도 바뀌어야한다!

- 매끈한 피부 표현을 위한 다섯 가지 요소 101

- 피부의 결점을 커버하라, 컨실러 107

   컨실러로 다크서클 감추기 │ 피부 화장, 여드름 피부도 할 수 있다!

- 볼에 꽃이 피다, 블러셔 메이크업 113

   블러셔! 옛날과 지금, 어떻게 변했을까? │ 얼굴형에 따른 블러셔 기본 위치 │ 블러셔 컬러 선택법 │ 딸기

   우윳빛 볼 만들기

- 얼굴 사용 설명서 121

5교시

포인트 화장 125

- 인상을 결정짓는 눈썹! 126

   눈썹, 어떻게 다듬을까? │ 눈썹 그리기 기본 공식 │ 본격적인 눈썹 그리기

- 또렷한 눈을 위해, 아이라이너! 134

   아이라인을 잘 그리려면? │ 아이라이너 기본 테크닉 │ 아이라인에도 계산이 필요하다! │ 내 눈에 독! 컴

   싸아라!!

- 눈에 깊이를 더하는 아이섀도 146

   아이섀도 기본 공식 │ 아이메이크업 컬러 코디 │ 그러데이션 실전 연습

- 마스카라로 인형 같은 속눈썹에 도전! 154

   다양한 마스카라의 종류 │ 본격적인 마스카라 하는 법

- 훔치고 싶은 입술로 변신! 162

입술에 광택을? 컬러를? │ 볼에도 입술에도 바르는 화장품 │ 입술 각질 제거하기

- 수정 화장, 어떻게 해야 할까? 171
- 썸남을 속이는 감쪽같은 투명 화장 174
- 성형 효과! 고수들의 메이크업 따라잡기 178

눈 사이가 좁다면? 눈물샘 하이라이트! │ 눈 사이가 넓다면? 인사이드 아이라인! │ 하이라이터와 브론저
로 3D 얼굴 만들기 │ 그렁그렁~ 눈물 효과 내기!

- 브러시 세척법 185

6교시

클렌징 190

- 화장은 하는 것보다 지우는 게 더 중요해 191

난 어떤 제품을 선택해야 할까? │ 클렌징 워터를 이용한 메이크업 원스텝 제거

- 주기적으로 각질 제거하기 197

피부의 28일 턴오버 주기 │ 물리적 각질 제거제 VS 화학적 각질 제거제 │ 각질 관리, 이것만은 주의하세요!

- 블랙헤드 & 화이트헤드 소탕작전 207

블랙헤드와 화이트헤드, 뭐가 다를까? │ 블랙헤드 없애는 방법

보충 수업 215

- 직접 만드는 천연 화장품 216

천연 성분은 피부에 안전하다? │ 내 마음대로 믹스 매치하는 천연팩 │ 5분 만에 만들어 쓰는 천연 화장
품 레시피

- 파우치 안 엿보기 226

FIRST MAKEUP SECRET BOX

내 이름은 나훈녀.

강남에서도 유명한 뷰티 살롱인 '드루와 살롱'을 운영 중. 뛰어난 감각과 재능으로 젊은 나이임에도 뷰티계에서 유명세를 떨치며 승승장구 중이랄까? 연예인들도 내게 관리 받지 못해 안달이 났다는 건 비밀 아닌 비밀.

따르르릉.

"여보세요."

"드루와 살롱의 나훈녀 원장님이세요?"

"맞습니다만, 누구신지⋯⋯."

나훈녀는 더 이상 말을 잇지 못한 채 전화를 끊고 바로 살롱을 뛰쳐나갔다.

'아버지가 위독하시다고?'

나훈녀의 아버지는 한 여자 중학교의 교장이었다. 아이들을 별로 좋아하지 않는 훈녀와는 달리 아이들에 대한 사랑이 지극한 사람이었다. 병원에 도착한 나훈녀를 본 의사는 고개를 절레절레 저었다. 훈녀는 그 자리에서 털썩 무릎을 꿇고 말았다.

"고인이 마지막에 남기신 편지입니다."

훈녀는 떨리는 손으로 의사가 건넨 편지를 펼쳤다. 마지막 힘을 다해 쓴 듯한 아버지의 편지였다.

나의 뒤를 이어 학교 교장직을 맡아다오.

네, 아버지⋯⋯. 제가 꼭 훌륭한⋯⋯ 잠깐, 잠깐! 뭐라고?!

내 살롱은? 나는 어린애들은 질색이란 말이야!

아버지는 도대체 무슨 생각을 하신 거지? 교육이랑은 전혀 상관없는 내가 뭘 할 수 있다는 거야!

한 달 후, 새로운 학기가 시작되는 계절.

한 여자가 선글라스를 끼고 스카프로 얼굴을 반쯤 가린 채 '떡칠 여자 중학교'라고 쓰인 학교 교문 앞에 서 있었다.

새 학기를 맞이해 한껏 치장하고 삼삼오오 떼를 지어오는 여중생들. 여자는 심란한 표정으로 아이들을 바라보더니, 곧 못 볼 것을 본 사람처럼 얼굴을 찡그렸다.

'얘들 뭐야⋯⋯? 왜 화장을 저렇게 해? 얼굴이 어떻게 저 정도로 하얗지? 목이랑 완전 색깔이 다르잖아. 삶은 달걀인 줄 알았네. 쟨 또 뭐야. 아이라인을 아주 눈썹까지 칠할 기세네. 입술들은 다 하나같이 빨강, 빨강, 빨강⋯⋯ 저 동동 뜬 입술은 뭐지? 저 건강한 구

릿빛 피부에 베이비 핑크색 립스틱이라니…… 정~말 안 어울린다……'

여자가 자신들을 어떻게 보고 있는지 모르는 소녀들은 해맑게 수다를 떨고 있었다.

"나도 화장 해보고 싶다. 근데 어떻게 하는지 방법을 모르겠어."

"야, 일단 BB크림 먼저 사. 좀만 발라도 완전 하얘 보인다니까?"

"얼마나 발라야 되는데?"

"몰라. 나는 그냥 쭉 짜서 손으로 비벼서 막 바르는데!? 하얘질 때까지."

여자에게 1차 멘붕이 찾아왔다.

'그렇게 많이 바르니까 화장떡이 된다고……! 게다가 BB크림은 여드름 피부에 바르기
엔 유분이 너무 많을 수도 있단 말이야!'

"나 어제 세수하기 너무 귀찮아서 그냥 잤잖아."

"뭐 어때? 어차피 너 어제 화장 하지도 않았잖아.

"그치? 화장한 날만 잘 닦고 자면 되지 뭐."

'화장을 하든 안 하든, 저녁 때 너희의 피부는 각종 먼지와 노폐물로 쩔어 있어……! 그
렇게 방치해두다 나중에 너의 썩은 피부를 봐야 땅을 치고 후회하겠니?'

"나 아이라이너 다 썼어. 언제 사러 가지?"

"야야. 컴퓨터 사인펜으로 그려봐. 그냥 아이라이너보다 잘 그려져."

"진짜? 대박. 컴퓨터 사인펜이 훨씬 싸잖아!"

"그렇다니까? 비싼 돈 주고 아이라이너를 살 필요가 없어요."

아이들의 연이은 이야기에 여자는 충격으로 영혼이 빠져나가는 것을 느꼈다.

'……??????? 커…… 컴퓨터 사인펜?? 뭐라는 거야 얘들이? 컴퓨터 사인펜으로 아이라인

을 그린다고? 아니 그, OMR카드에 쓰는 그 컴퓨터 사인펜????'

"나 내일 렌즈 낄래. 좀 빌려줘."

"어제 여드름 그냥 손으로 막 짜버렸더니 피 났어!"

"아이라인은 자고로 두껍게 그릴수록 예쁘다니깐!?"

정신을 차릴 새도 없이 계속해서 터지는 여학생들의 폭탄 발언. 그녀는 머리가 아찔해졌다. '뷰티'에 대해 기초 지식조차 없는 여학생들의 말들이 머릿속을 빙글빙글 맴돌았다. 여자는 선글라스를 벗고 스카프를 끌어내렸다. 나훈녀의 얼굴이 나타났다.

'한 명 한 명 자세히 보면 모두 귀엽고 예쁜 얼굴인데…… 각자의 장점이 있는데 왜 그걸 모르는 걸까…….'

나훈녀는 한숨을 내쉬었다. 요즘 중학생들은 거의 모두 화장을 한다는 이야기를 들은 적은 있지만 이 정도일 줄은 몰랐다!

'혹시 아버지가 이것 때문에……?'

번쩍, 나훈녀의 눈이 번득였다. 그리고 휴대폰을 꺼내들었다.

"여보세요? 떡칠여중 교무실이죠? 저는 새 교장으로 부임하게 된 나훈녀입니다. 먼저 선생님들과 의논할 문제가 있어서 전화 드렸습니다."

이틀 후.

1교시 시작 전부터 떡칠 여자 중학교 학생들은 모두 강당에 모여 있다.

"오늘 새 교장 온다며?"

"지난번 교장 선생님 딸이래."

"헐. 낙하산 아님? 어쨌든 수업 빼먹으니까 좋다."

그때였다. 강당의 불이 모두 꺼졌다. 놀란 아이들이 웅성거리는 사이, 팟! 단상에만 스포트라이트가 비쳤다. 그 아래 서 있는 사람은 바로 나훈녀였다.

전교생은 일제히 나훈녀에게 시선을 집중했다. 찰랑찰랑 빛나는 머릿결에 하얗고 뽀얀 피부, 엄청난 동안으로 나이를 짐작할 수가 없는 얼굴, 자연스러운 화장, 거기다 늘씬하고 탄탄한 몸매까지. 아이들은 나훈녀에게서 눈을 떼지 못했다. 나훈녀, 영업용 미소를 지으며 나긋나긋한 목소리로 말하기 시작한다.

"여러분, 안녕하세요. 떡칠 여자 중학교의 새 교장을 맡게 된 나훈녀라고 합니다. 반갑습니다."

꾸벅 인사하는 나훈녀를 보고 학생들은 서로 눈치를 보더니 박수를 치기 시작했다. 나훈녀, 그 모습을 보고 빙긋 웃더니 말을 이어갔다.

"선생님들. 아이들이 전부 모였는지 확인해주세요. 그리고 여러분, 지금 이 순간만큼은 휴대폰 소지가 금지되어 있어요. 모두 선생님들께 잠시 휴대폰을 맡기도록 하세요."

선생님들이 우물쭈물하며 아이들 곁으로 다가갔다. 그런데 어째 선생님들의 표정이 심상치 않다.

전원 모인 것이 확인되고 휴대폰까지 모두 거둔 뒤, 선생님들이 나훈녀에게 고개를 끄덕였다. 입꼬리가 올라가는 나훈녀. 그리고는…….

"강당 문을 잠그세요!"

쾅당!

강당 문이 닫혔다. 그리고 철커덕, 하고 밖에서 자물쇠를 걸어 잠그는 소리가 들려왔다.

"뭐야? 우리 갇힌 거야?"

"선생님, 어떻게 된 거예요?"

선생님들은 아무도 대답을 하지 못했다. 분위기가 심상치 않다는 것을 직감한 떡칠 여중 아이들. 아이들은 두려운 표정으로 나훈녀를 바라보았다. 그런 아이들을 보며 나훈녀가 씩 웃었다.

"오늘 하루를 뷰티 & 메이크업 특별 수업의 날로 선포합니다! 이 수업은 한 사람도 빠질 수 없어요. 떡칠 여중의 학생이라면 누.구.도!"

나훈녀 • 시작하기 전에 표본이 될 모델을 뽑아야겠는데⋯⋯.

학생들 • 뭐래는 거야⋯⋯? 교장으로 웬 미친 여자가 온 것 같아.

나훈녀 • 흠⋯⋯ 아, 거기 학생. 네가 해야겠다. 화장이 서커스 피에로 수준이야. 당장 저글
      링 해도 되겠다.

김화떡 • 네? 무슨 소리예요! 제가 매일매일 얼마나 메이크업에 공을 들이는데! 새벽 6시
      에 일어나서 하거든요?!

나훈녀 • 그런 두꺼운 화장을 하지 않아도 뽀얀 피부를 갖고 싶지 않아요?

김화떡 • 그, 그건⋯⋯.

나훈녀 • 자, 피에로는 단상으로 올라옵니다. 어서요. 흠. 자로 재면 화장이 1cm는 족히 나
      오겠구만. 선생님! 말씀드렸던 클렌징 제품이랑 물 준비해주세요.

김화떡 • 자, 잠깐⋯⋯! 으악! 저 쌩얼 완전 별로란 말이여요! 내가 이 쌩얼을 어떻게 가렸는데!

나훈녀 • 괜찮아, 괜찮아. 내가 다시 메이크업 다 해줄 거예요.

김화떡 • 으엉엉⋯⋯! 내, 내가 쌩얼이라니! 내가 쌩얼로 학교에 서 있다니! 이게 무슨 소리야!

나훈녀 • 자, 1교시 시작합니다! 1교시는 바로 아무것도 바르지 않은 '민낯'이 주제예요!

마의 16살
잘 넘기기

여러분은 '마의 16살', '역변', '정변' 등의 단어를 들어본 적이 있나요? 어렸을 때 예쁘고 귀여웠던 얼굴을 어른이 되어서도 그대로 간직하고 있는 것을 '정변', 못나게 변해버린 것을 '역변'이라고 하죠. 그리고 정변하느냐 역변하느냐 갈리는 시기를 '마의 16살'이라고 하구요. 제 특별 수업을 듣고 있는 여러분에게 해당하는 시기죠. 아이에서 어른으로 변하는 이 미묘한 시기를 잘 보내야 예쁜 피부와 얼굴을 유지할 수 있어요. 꾸준하게 관리해주지 않으면 언제 '역변'하게 될지 모른다는 말이죠.

제가 이런 말을 하면 여러분 중 누군가는 억울하다며 가슴을 치며 말하겠죠. "제 친구는 모공이 보이지 않을 만큼 깨끗하고 하얀 피부인데, 저는 넓은 모공에 개기름도 산유국 부럽지 않게 폭풍 분출이에요. 둘 다 똑같은 스킨로션을 발라도 말이죠! 타고난 게 있는데 관리를 한다고 뭐 얼마나 바뀌겠어요?"

알아요, 알아. 딱히 관리랄 것도 하지 않는데 타고난 피부가 좋은 친구들은 어딜 가나 있죠. 그런데 말이죠, 지금은 이렇게 희비가 엇갈리는 시기지만 이때 여러분이 어떤 뷰티 습관을 가지느냐에 따라 10년, 20년 후에는 역전할 수도 있어요.

막 서른 살이 되어가는 언니들을 예로 들어볼까요? 10대 때 자외선 차단제를 바르지 않고 하루 종일 땡볕 아래를 돌아다니던 언니들은 지금 어떻게 되었을까요? 대부분 기미와 주름으로 고생 중이죠. 여드름이 보이는 족족 무지막지하게 짜버린 언니들의 얼굴에는 여드름 흉터가 그대로 남아 있답니다. 이 언니들이 레이저 치료와 비싼 화장품 등에 아무리 돈을 쏟아 부어도 결코 10대 때의 피부로 되돌아가진 못해요.

여러분이 오늘 하는 10분의 피부 관리가 10년 후 한 시간의 피부 관리보다 훨씬 더 강력한 힘을 가진다는 사실! 절대 잊지 마세요. 10대 때의 건강한 피부를 오래 유지하기 위해서는 좋은 뷰티 습관을 기르는 것이 매우 중요하답니다. 네? 무엇을 어떻게 시작해야 할지 전혀 감이 안 잡힌다고요? 걱정 마세요. 이 나훈녀가 10대의 뷰티에 대해 하나부터 열까지 전부! 여러분에게 알려드릴 테니까요.

좋은 뷰티 습관

♥ 매일 자외선 차단제를 사용하고 2~3시간 마다 덧바르기. 특히 체육 시간 같이 실외 활동을 하기 직전에는 꼭꼭 덧발라줘야 해요.

♥ 일주일에 1~2번씩은 피부 타입에 맞는 마스크 하기.

♥ 자기 전 가벼운 스트레칭으로 몸과 마음 편하게 하기.

♥ 세안 후 얼굴을 닦을 때 수건으로 문지르지 말고 가볍게 누르듯 수분 흡수시키기.

♥ 로션이나 크림 같은 보습제(모이스처라이저)는 세안을 하는 곳 5m 안에 보관하기. 피부에 수분이 증발하기 전 바로 발라주는 것이 중요해요.

나쁜 뷰티 습관

♥ 일광욕·선탠! 자외선에 오랜 시간 노출되면 피부가 빨리 늙어요!

♥ 무심코 얼굴을 만지고 있진 않나요? 피부 트러블이 악화될 수도 있어요.

♥ 습관적으로 눈을 비비는 친구들 있죠? 눈가의 피부는 다른 피부보다 특히 얇아요. 눈을 자주 문지르면 주름이 빨리 생길 수 있어요.

♥ 참을 수 없는 유혹, 야식! 대부분 소금, 설탕이 듬뿍 들어가죠. 살찌는 것은 둘째 치더라도 얼굴이 붓고 여드름의 원인이 돼요.

♥ 세수 안 하고 바로 잠자리 든 적, 누구나 있죠? 밤새 모공이 막힌 채로 있어 다음날 뾰루지가 나기 쉬워요. 정말 너무너무 피곤하다면 클렌징 티슈로라도 닦고 잠자리에 들기!

♥ 머리를 감은 후 말리지 않고 잠든다면? 젖은 상태의 모발은 매우 약한 상태라서 베개와의 마찰로 표면이 손상되기 쉬워요. 눅눅한 상태로 방치한 두피에는 각종 피부염이 나타날 수 있죠. 두피만이라도 꼭 말리고 잠자리에 들도록 해요.

♥ 지나친 클렌징, 지나친 각질 제거, 지나친 보습…… 모두 피부를 지치게 할 수 있어요. 인터넷, 잡지, TV를 통해 너무 많은 뷰티 정보를 접하는 것도 문제가 될 수 있어요. 수많은 화장품으로 피부를 문지르고 씻기 때문이죠. 부드러운 클렌징과 간단한 보습이 가장 좋아요.

♥ 100번을 강조해도 지나치지 않은 담배! 건강 문제는 잘 알 테고 미용적으로만 얘기해볼게요. 담배 속의 유해 물질은 몸속의 비타민 C를 고갈시키죠. 또 피부 재생이 안 돼 피부 노화가 매우 빨리 옵니다. 피부색은 칙칙하게 변하고, 수분이 빠져나가 거칠고 건조한 피부가 돼요. 이뿐만이 아니에요. 담배 필 때의 입모양 그대로 팔자 주름이 생기고 입술에도 세로 주름이 생겨서 립스틱이 다 번져요. 치아도 노랗게 변하구요. 그리고 가장 무시무시한 사실. 모공을 통해 담배 냄새가 피부 밖으로 빠져나온답니다.

나의 피부는
어떤 타입일까?

　자. 그럼 일단 여러분의 피부 타입이 무엇인지 정확하게 파악해야겠죠? 일단 피부는 피부 타입과 피부 상태, 이 두 가지로 구분하는 것이 좋습니다.

　먼저 피부 타입은 피지가 많이 나오느냐 적게 나오느냐에 의해 결정됩니다. 크게 건성(악건성) 피부, 중성 피부, 지성 피부 총 3종류로 나눌 수 있죠. 건성 피부는 피지 분비가 적어 피부가 건조하고 자극을 많이 받아요. 지성 피부는 피지 분비가 활발해 얼굴이 기름져 보일 수 있지만 자극에 대한 저항력이 강해요. 중성 피부는 피지 분비가 적당해 트러블이 적고 깨끗해요. 그리고 얼굴 안에서 지성 피부와 건성 피부, 두 가지가 함께 나타날 수가 있는데 이런 피부를 복합성 피부라고 부르죠.

　피부는 타고나는 부분이 많아요. 하지만 나이가 들면서 조금씩 피부 타입이 바뀔 수는 있어요. 10대에는 지성 피부, 20대에는 중성 피부, 30대에는 건성 피부 하는 식으로요. 하지만 계절에 의해 바뀔 정도로 자주 변하진 않아요.

　피부 상태는 피부 타입보다 여러 종류로 나뉘어요. 피부가 예민해지는 민감화, 트러블(여드름), 조기 노화 등으로 다양하게 나타나며 모든 피부에 적용이 될 수 있죠. 피부 상태는 타고나기도 하지만 갑자기 바뀌기도 해요. 어떤 습관을 가지느냐에 따라 악화될 수도 있지만 노력에 의해 개선될 수도 있지요.

평소에 잘 사용하던 제품이 갑자기 따갑게 느껴진 적이 있나요? 그건 피부를 보호하고 있는 피부 표면(각질층)이 손상을 입었을 때 흔히 나타나는 증상이에요. 피부 표면이 상처를 입으면서 피부를 보호하던 댐이 무너진 거라고 하면 이해가 되나요? 피부 속에 있는 수분은 쉽게 증발하여 건조해지고, 자극 요소가 피부에 깊숙이 침투해 가려움, 따가움, 붉어짐이 나타나는 거죠. 이렇게 민감해진 피부는 지속적인 보습으로 나아질 수 있지만, 그대로 방치하면 알레르기성 피부로 바뀔 수도 있어요. 그러니 자신의 피부 상태를 자주 체크하고 신경써주는 것이 좋겠죠?

여러분 모두 좋은 피부를 갖고 싶죠? 그렇다면 피부 타입을 바꾸려고 하기보다 피부 상태를 개선시키려고 노력해보세요. 올바른 피부 관리와 화장으로 피부 상태는 최고가 되기도 하고, 최악이 되기도 하니까요.

피부 ZONE 체크하기

자, 이제 얼굴의 각 부분 명칭을 알아볼까요? T존은 다들 들어봤죠? 기름이 잘 도는 이마와 코 부분을 T존이라고 하고, 나머지 부분을 U존이라고 하죠. 하지만 우리는 피부 타입과 피부 상태를 파악해야 하니까, 좀 더 자세히 보도록 해요!
T존과 O존은 피지 분비가 많고 트러블이 잘 나는 부분이에요. 코 부위에는 깨 같은 블랙헤드가, 턱 쪽에는 하얀 좁쌀 같은 화이트헤드가 생기기 쉽죠. S존은 건조하고 예민해요. S존이 민감하고 건조할수록 겨울철에 '촌년병'이라 불리는 홍조 현상이 많이 나타나죠. 네, 얼굴이 갑자기 막 빨개지는 그거예요. 아이존은 피부가 제일 얇고 건조한 부위예요.

이렇게 한 얼굴 안에서도 피지 분비와 피부의 두께가 다 달라요. 그래서 모든 피부는 복합성이라고도 말할 수 있죠.

피부타입 측정하기

▶ 피지 분비로 측정하기

세안 후 얼굴에 아무것도 바르지 말고 기다리세요. 한 시간이 지나면 파란색 기름종이를 T존, O존, S존의 얼굴 4곳에 붙입니다. 기름종이가 모두 찰싹! 달라붙어 피지로 적셔진다면? 지성 피부 당첨! T존에만 기름종이가 적셔진다면 중성 피부, 4곳 모두 거의 피지가 나타나지 않았다면 건성 피부입니다.

▶ 모공 분포로 측정하기

거울을 보고 콧방울 바로 옆 부분을 검지로 살짝 가려보세요. 그리고 S존을 잘~ 살펴보세요. 손가락으로 가리지 않은 부분들을 자세히 보는 거예요. 이 부분이 모공이 거의 보이지 않을 정도로 깨끗하다면 건성 피부예요. 손가락 바깥으로 살짝 귤껍질 같은 오돌토돌한 모공이 보인다면 중성 피부, 손가락이 아무 의미가 없을 정도로 온 S존이 모공과 블랙헤드로 가득 찼다면 지성 피부죠.

중요한 점은 좋은 피부 타입과 나쁜 피부 타입은 없다는 거예요. 건성 피부인 친구들은 모공도 보이지 않고 뽀얀 피부를 가졌죠? 그렇지만 30대가 되면 주름이 두드러져요. 피부가 너무 건조해서 겨울에 버짐 같은 각질이 후드득 올라오기도 하죠. 지성 피부인 친구들은 어떨까요? 번들거리고 트러블도 잘 생기고, 모공도 넓고……. 지금은 단점만 보이죠? 그러나 지성 피부는 기본적으로 튼튼해요. 건성 피부에 비해 주름살도 덜 생기고 탄력도 오래 유지되어 노화가 더디 진행되죠. 그러니 중요한 것은 자신의 피부 타입과 피부 상태를 정확히 아는 것! 이에 맞춰 피부를 관리한다면 장점은 오래 유지하고 단점을 줄일 수 있을 거예요.

지긋지긋한 여드름, ♥♥♥ 완전정복하기!

지긋지긋한 그 이름, 여드름! 폭풍 피지 분비가 나타나는 10대 시절에 여드름은 피할 수 없는 불청객이죠. 아무리 피부가 좋은 친구라도 한두 번은 여드름으로 고생한 기억이 있을 거예요. 하지만 여드름도 생활 패턴을 바꾸고 어떠한 제품으로 관리를 하느냐에 따라 결과가 크게 달라질 수 있답니다.

여드름에 대해 잘못 알려진 오해들

♥ 여드름 피부에는 이중 세안이 필수다?

과도한 클렌징은 오히려 여드름을 악화시킬 수 있어요. 게다가 피부에 탈수를 일으키고 예민해질 수 있죠.

♥ 삼겹살처럼 기름기 많은 음식을 먹으면 여드름이 난다?

기름기 많은 음식이 피부를 더 기름지게 하지는 않아요. 하지만 주의해야할 음식은 분명 있지요. 설탕과 밀가루 음식은 피부 염증을 더 심하게 할 수 있어요. 달달한 빵, 탄산음료가 대표적이죠.

♥ 여드름은 안 짜면 점이 된다?

점처럼 보이는 것들은 사실 점이 아니라 블랙헤드라 불리는 면포들이예요. 콧등뿐 아니라 볼, 이마, 턱…… 어디에서도 볼 수 있죠. 제대로 준비하지 않은 상태에서 여드름을 짜는 건 피부에 상처만을 남깁니다.

여드름을 악화시키는 요소들

♥ 스트레스

갑자기 초콜릿 같이 단 음식이 당긴다면 스트레스를 받고 있다는 신호! 밤샘을 했거나 생리하기 직전에 특히 먹고 싶죠? 결론부터 말하자면 초콜릿이 직접적으로 여드름을 일으키진 않아요. 그렇다고 무작정 먹지 말고 가벼운 스트레칭과 명상으로 몸과 마음을 편하게 해주세요.

♥ 얼굴에 남아 있는 세안제

클렌징폼으로 풍성하게 거품을 내서 세수를 했는데! 충분히 물로 거품을 닦아내지 않는다면?! 클렌징을 하는 의미가 없죠. 이마 쪽 머리카락에 묻은 세안제 잔여물이 여드름을 나게 할 수 있어요. 양치 후 턱에 남은 치약이 턱드름을, 몸에 남은 린스가 등드름, 슴드름을 악화시키기도 하구요. 그러니 얼굴이든 몸이든 충분히 물로 씻어낼 것! 잊지 마세요.

♥ 손으로 여드름 짜기

커다란 뾰루지가 보기 싫어서 조급한 마음에 손으로 짜버렸던 경험, 누구나 있죠? 이럴 경우에 대부분 손톱으로 피부를 찌르게 되는데요. 너무 힘이 들어가서 모공 속 피부가 상처를 입어요. 그리고 더 큰 염증으로 발전할 수도 있죠! 여드름을 짜는 건 전문가에게 맡기는 것이 가장 안전합니다.

♥ **지저분한 베개와 휴대폰**

마지막으로 베개 커버를 세탁한 적이 언젠가요? 휴대폰 액정에 BB크림이나 파우더가 잔뜩 묻어 있진 않나요? 얼굴과 계속 마찰하게 되는 휴대폰, 베개의 청결은 매우 중요해요. 베개 커버는 자주 빨도록 하고 휴대폰도 알코올로 수시로 닦아주세요.

여드름 피부가 피해야 할 제품에는 무엇이 있을까요?

♥ 클렌징 오일

화장이 잘 지워지기는 하지만 피부에 오일막이 남아 모공을 꽉 막을 가능성이 있다는 거! 여드름 피부는 깨끗이 씻어야 한다며 오일로 문질문질, 클렌징폼으로 거품거품 이중 세안 하는 친구들 많죠? 하지만 오일과 클렌징폼은 자극적이고 수분을 많이 빼앗아가기 때문에 피부가 사막처럼 건조해질 수 있어요. 여드름도 있는데 건조하기까지 하면…… 끔찍하죠?

클렌징 오일은 아이섀도나 마스카라 등 잘 지워지지 않는 제품을 지울 때만 가끔 사용하고 매일매일 쓰지 않는 것이 좋아요.

♥ SPF 40 이상의 물리적 성분 자외선 차단제

자외선 차단제의 성분을 살펴보세요. '티타늄 디옥사이드', 혹은 '징크 옥사이드'라고 쓰여 있나요? 이런 물리적 성분으로 100% 이루어진 자외선 차단제를 사용한다는 건 돌가루로 얼굴을 코팅하는 거라고 보면 돼요. 주로 민감한 피부를 가졌거나 어린 아이들이 쓰는 제품이죠. 피부에는 순한 제품이지만 과연 모공에도 순할까요? 여드름 피부의 모공을 돌가루로 꽉 막아버린다고 생각해보세요. 상상만 해도…… 답답하죠? 여드름 피부라면 다른 자외선 차단제를 선택하는 것이 좋아요.

여드름 피부가 찾아야 할 제품은 무엇일까요?

♥ 살리실산

뉴트로지나, 클린 앤 클리어 등 여드름 제품으로 유명한 브랜드 있죠? 이 브랜드 제품에 가장 많이 사용되는 성분이 바로 살리실산! 모공 속의 각질을 제거하는 효과가 뛰어나죠. 면포성 여드름에도 효과적이에요. 여드름 피부를 가진 친구들은 세안제를 선택할 때 항상!
살리실산이 포함되어 있는지 꼭 확인하세요.

> 면포성 여드름(블랙헤드, 화이트헤드)란? 모공 안에서 생긴 여드름을 말해요. 모공이 막힌 상태기 때문에 피지가 피부 밖으로 빠져나가지 못하고 뭉쳐서 여드름이 되는 거죠. 좁쌀 여드름이라고도 불리우죠.

♥ 프로폴리스

프로폴리스는 천연 항생제 역할을 해요. 여드름 피부인데 붉게 염증까지 난다면 프로폴리스가 함유된 제품보다 원액 그대로 구입하는 것이 더 좋아요. 인터넷에서 쉽게 살 수 있답니다. 알로에 젤 1티스푼에 프로폴리스 1~2방울을 떨어뜨려 믹스한 후 화장솜에 적셔서 염증이 나는 부분에 붙여주세요. 붉은 기와 붓기가 많이 나아질 거예요.

♥ 알로에 젤

알로에 잎 주스는 민감성·여드름용 화장품에 많이 사용돼요. 먹을 수 있는 알로에 젤 원액은 좀 끈적끈적해요. 그러므로 알코올은 들어 있지 않고 알로에 성분은 많이 포함된 알로에 젤 화장품을 선택하세요! 피부 진정, 상처 회복, 수분 공급, 항균 효과 등의 효능이 있답니다. 수분 에센스 대신 사용하면 훨씬 효과적이에요.

♥ 칼라민

약국에 가면 모기에 물리거나 수두에 걸렸을 때 바르는 '칼라민 로션'이란 핑크색 물약이 있어요. 칼라민은 이 물약의 주성분이죠. 붉은 기와 붓기를 빼주어 피부를 진정시키고 흉터 없이 상처가 잘 아물 수 있도록 도와줘요. 그래서 여드름 제품에도 많이 쓰이죠. 인터넷에서 칼라민 파우더만 구입할 수도 있어요. 진흙팩에 섞어 쓰면 진정 효과를 더 높일 수 있답니다.

♥ **설퍼(유황)**

여드름용 마스크 팩을 찾는다면 설퍼 성분이 들어갔는지 확인해보세요. 여드름을 짠 후에 설퍼 성분이 들어간 마스크를 해주면 상처가 덧나지 않습니다.

일주일 만에 여드름을 반으로 줄이는 방법

준비물

여드름 피부용 세안제,
프로폴리스 원액
혹은 티트리 오일,
알코올 성분이 없는 토너,
칼라민 파우더,
1회용 주사기,
면봉, 화장솜

STEP.1

여드름 관리에서 세안은 가장 중요한 부분! 세안제를 각질 제거와 항균 기능이 있는 여드름 전용 세안제로 바꿔주세요.

STEP.2

여드름이 난 부위를 콕콕 눌러보세요. 피부가 발갛고 눌렀을 때 아프다면 아직 제대로 여물지 않았으니 손대지 맙시다. 아직 피부 밑에서 염증이 진행 중이니까요. 함부로 짰다가 흉터가 남을 수도 있어요! 붉은 기가 거의 사라지고 노랗게 잘 익은 애들만 골라주세요. 그리고 1회용 주사기에 꽂힌 바늘로 여드름 윗부분을 살짝 따줍니다.

STEP.3

면봉 2개를 이용해 여드름을 살짝 눌러줍니다. 절대 손으로 직접 짜지 마세요! 아래쪽으로 힘을 주지 말고, 피부 밑에서부터 여드름을 들어 올린다는 느낌으로 양쪽에서 눌러줍니다. 나무젓가락으로 짜장면 섞을 때 면발 들어 올리듯 살짝!

STEP 4

절대 안 나오는 것까지 억지로 짜지 말고! 은근히 힘을 주었을 때 나오는 정도까지만 짜세요. 그리고 프로폴리스 원액을 화장솜에 적셔 여드름 짠 부위에 바로 붙여줍니다. 프로폴리스 원액을 구하기 어렵다면 대신 티트리 에센셜 오일을 사용하세요. 여드름을 짠 부위가 너무 많다면? 알코올 성분이 없는 토너 30ml에 티트리 에센셜 오일을 3~5방울 떨어뜨린 것으로 피부를 가볍게 닦아주고 화장솜을 붙여줍니다.

STEP 5

얼음을 거즈로 싸주세요. 막대 사탕 모양으로요. 그리고 화장솜 위로 마사지 해주며 달아오른 피부를 진정시킵니다.

STEP 6

피지를 제거해주는 진흙팩에 칼라민 파우더나 유황(설퍼) 파우더를 1티스푼 정도 넣고 섞어주면 여드름 피부용 마스크가 됩니다. 일주일에 2회 정도 사용해줍니다.

집에서
뷰티 살롱
피부 관리
따라 하기

뷰티 살롱에서의 피부 관리는 다음과 같은 단계로 이루어져요.

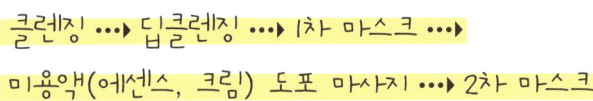

클렌징 ┈▶ 딥클렌징 ┈▶ 1차 마스크 ┈▶
미용액(에센스, 크림) 도포 마사지 ┈▶ 2차 마스크

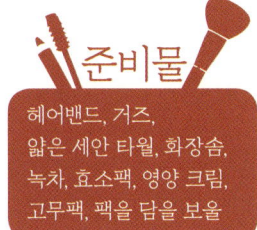

준비물

헤어밴드, 거즈,
얇은 세안 타월, 화장솜,
녹차, 효소팩, 영양 크림,
고무팩, 팩을 담을 보울

자, 그럼 우리도 뷰티 살롱 부럽지 않은 피부 관리를 시작해볼까요?

준비 단계

▶ 스팀 타월, 냉 타월 준비하기

물에 적신 타월을 비닐봉지(마트에서 채소 담는 얇은 비닐이 가장 좋아요)에 넣어 1분 30초 정도 전자레인지에 돌려주면 스팀 타월 완성! 냉 타월 역시 물에 적신 타월을 얇은 비닐에 담아 냉장고에 넣어두세요. 스팀 타월, 냉 타월에 쓸 타월은 얇은 것이 좋아요.

▶ 딥클렌징

먼저 얼굴을 씻어줍니다. 메이크업과 피부 표면의 더러움을 제거해주는 거예요. 1차 세안이 끝났으면, 각질과 피지를 집중적으로 제거해주는 딥클렌징을 할 차례! 평소보다 좀 더 시간과 공을 들이면 효과는 훨씬 더 UP!

우선 얼굴에 스팀을 쏘이는 것부터 시작해요. 자, 뜨거운 물을 받아 놓고 팩을 발라요. 시중에서 구할 수 있는 각질제거용 효소팩도 좋고 효소(파파야) 파우더를 물에 개어 팩처럼 발라도 됩니다. 팩을 바른 후에는 타월을 머리에 걸쳐 스팀이 빠져나가지 않도록 해주세요. '수리수리 마수리형'처럼요! 그리고 얼굴에 스팀을 쏘여줍니다. 뜨거운 물과 얼굴의 간격은 30㎝이상으로, 피부가 예민한 편이라면 더 멀리서 쏘여주는 것이 좋아요.

딥클렌징의 기본 [스팀 쏘이기]

수리수리마수리 형   인간 미이라 형

스팀을 쏘이는 시간은 5~10분 정도로 해주세요. 민감하고 건조한 피부라면 5분, 중·복합성 피부라면 7분, 지성 피부라면 10분이 좋아요. 지성 피부일수록 더 오래 하는 것이 좋습니다. 그래야 모공이 열리면서 피지들이 쏙쏙! 분출되거든요. 반면 건조한 피부에 오래 스팀을 쏘이는 것은 좋지 않아요. 피부에 꼭 필요한 피지들까지 흐물흐물 녹을 수가 있거든요. 주의!

이제 따뜻한 물로 효소팩을 씻어냅니다. 지성 피부라면 팩을 제거하기 전에 모공 브러시를 물에 적셔 1분 정도 가볍게 문질러주세요. 모공 사이사이의 피지가 싹싹 없어집니다. 딥클렌징을 끝낸 후, 콧등에 피지가 송골송골 맺혔다면 면봉으로 가볍게 닦아내주세요.

> **Tip**
>
> 스팀을 쏘이는 과정이 너무 오래 걸린다면? 스팀 타월로 대체할 수 있어요. 효소팩을 바르고 5분이 지난 후 1분 30초 정도 전자레인지에서 돌린 스팀 타월을 피부 위에 올려줍니다. 스팀을 쐬거나 스팀 타월을 사용하는 이유는 따뜻한 온도와 수분이 있을 때 효소가 가장 활발해지기 때문이에요. 스팀 타월은 한 장만 올리면 금방 식어버려요. 턱에 먼저 한 장을 올린 후 코·눈 위에서 X자를 만들어 한 장 더 얹어주세요. '인간 미이라형'처럼요! 이렇게 하면 온기가 제법 오래간답니다.

STEP 2

▶ 1차 마스크

큰 화장솜을 준비하세요. 로드숍에서 나오는 고급 화장솜 정도의 사이즈면 충분해요. 여기에 건성 피부는 촉촉한 스킨이나 차가운 우유를, 지성 피부는 녹차물을 적셔요. 그리고 10분간 얼굴에 붙여주세요. 팩 겸용으로 나온 큰 화장솜은 반으로 자르면 더욱 알뜰하게 쓸 수 있어요.

STEP 3

▶ 마사지

이제 마사지를 할 차례! 마사지를 하기 전에 우선 크림을 발라줘야겠죠? 하지만 여러분에게 마사지 크림은 너무 유분기가 많아요. 비추! 수분 크림도 너무 산뜻해서 마사지하기엔 적당하지 않고요. 엄마나 언니가 쓰는 영양 크림 혹은 수면팩 정도가 좋아요. 여러분이 평소에 크림을 바르는 양보다 훨씬 많이! 3배 정도 넉넉하게 얼굴에 발라주세요. 이제 본격적인 마사지에 들어갑니다!

1. 양쪽 손바닥으로 이마 전체를 밑에서 위로 끌어올리듯 쓸어주세요. 5~7회 정도 반복!

2. 볼은 윗부분과 아랫부분으로 나누어 따로따로 마사지를 할 거예요. 손가락 안쪽을 사용해 볼의 안쪽에서 바깥쪽을 향해 쓰다듬듯이 마사지 해주세요. 양쪽 모두 3~4회 정도가 적당합니다.

3. 턱을 만져보면 움푹 팬 곳이 있어요. 그 부분에 손가락으로 원을 그려주세요. 입 꼬리 바깥 부분은 위로 끌어올리듯, 콧방울 옆 부분은 아래위로 왔다 갔다 쓸어주며 마사지해주세요. 각각 3~4회 정도로!

4. 코 옆 부분과 콧날을 왔다 갔다 하며 쓸어주세요. 눈 밑 부분은 안쪽에서 바깥쪽으로 살짝 눌러주며 마사지해주세요. 3~4회 반복해주세요. 마지막으로 관자놀이 부분을 지긋이 눌러줍니다.

평소 세안을 할 때도, 로션·크림을 바를 때도 이 기본 동작을 따라하면 별도의 마사지가 필요 없답니다.

STEP.4

▶ **2차 마스크 : 고무팩**

건성 피부에는 크림 타입의 보습 마스크팩을, 지성 피부에는 진흙이 들어간 피지 제거 마스크팩이 적당해요. 이렇게 2차 마스크를 진행해도 좋지만, 좀 더 본격적인 뷰티 살롱의 피부 관리를 따라 하고 싶다면! 고무팩에 도전해보세요. 마사지는 피부가 운동을 한 것과 같아요. 운동을 했으니 스트레칭이 필요하겠죠? 고무팩은 피부 관리의 정리 단계라고 할 수 있어요. 화장품이 피부 속 깊~이 흡수되도록 도와주면서 피부를 시원하게 해준답니다.

고무팩이란? 파우더를 물에 개서 얼굴에 발라 사용하는 팩이에요. 시간이 지나면 고무처럼 딱딱해져서 고무팩이라고 불린답니다. 주로 피부관리실에서 많이 쓰여요.

그럼 본격적으로 고무팩을 해볼까요? 우선 고무팩을 보울에 담은 후 녹차물을 부어줘요. 고무팩 파우더와 녹차물의 비율은 1대 0.9 정도가 적당합니다. 조금 뻑뻑하더라도 계속 저어주면 잘 섞여요. 너무 뻑뻑하면 조금씩 물을 더해주는데, 한 번에 물을 너무 많이 넣으면 죽처럼 되어버리니 조심! 약간 힘을 주어야 섞일 수 있을 정도로 되직한 게 좋습니다.

고무팩을 얼굴에 바르기는 쉽지 않아요. 자칫하다간 후두둑! 떨어져버리거나 줄줄 흘러내릴 수 있거든요. 초보자라면 얼굴에 거즈를 대고 그 위에 바르는 것이 좋아요. 얼굴에 젖은 거즈를 밀착시키고 헤어밴드로 단단히 고정해주세요. 그리고 막대기 등을 이용해 고무팩을 떠서 도톰하게 발라줍니다. 마지막에는 눈과 입술까지 덮어줘도 OK! 그래도 하는 방법을 잘 모르겠다면 인터넷에서 '고무팩'을 검색해보세요. 동영상도 많이 뜬답니다.

STEP 5

▶ 마무리

턱에서부터 팩을 제거해줍니다. 얼굴에 여기저기 묻은 팩은 냉 타월로 닦아냅니다. 냉 타월은 우선 피부 위에 얹어준 후에 꼼꼼히 닦아주세요.

어떤 고무팩을 골라야 할까?

시중에는 수많은 종류의 고무팩이 나와 있지만, 굳이 피부 타입별로 사지 않아도 돼요. 고무팩 자체가 피부에 흡수되는 것이 아니니까요. 가장 중요한 건 얼마나 오래 시원함을 유지시켜주느냐! 하는 거거든요. 너무 싼 제품을 사는 것도 비추! 고무팩의 중요한 원료는 해초 성분이에요. 싼 제품은 해초 성분은 적게 넣고, 용량을 채우기 위해 다른 성분을 넣는 경우가 많아요. 이렇게 되면 고무팩이 잘 굳지 않아 줄줄 흘러내리고 별로 시원하지도 않아요. 팩을 뗄 때 깔끔하게 떨어지지도 않고요. 해초 성분이 많~은 제품은 팩을 할 때 파우더보다 물이 더 많이 들어가요. 파우더를 적게 사용해도 충분히 팩의 양이 늘어난다는 거죠. 고무팩을 구입했다면 파우더와 물의 어떤 비율이 가장 최적인가를 한번 체크해보세요.

FIRST MAKEUP SECRET BOX

나훈녀 • 자, 자신의 피부 타입을 정확히 아는 것이 얼마나 중요한지 잘 알았죠?

학생들 • 네~

나훈녀 • (훗. 나의 강의에 빠져들기 시작했군.) 자, 이제 기초 화장품을 발라볼까요? 계속 이러고 있다가는 여기 있는 화떡 학생의 피부가 갈라지겠어요. 자. 화떡 학생은 평소에 기초 화장품을 몇 가지 바르나요?

김화떡 • 네? 아, 그러니까…… 음…… 그게…….

나훈녀 • 왜 우물쭈물하는 거죠? 설마…… 아무 것도 바르지 않는 건 아니겠죠?

김화떡 • 아, 아니거든요! 음, 보통은 스킨이랑 로션 바르는데요. 귀찮으면 그냥 스킨만 바르고 잘 때도 있고 겨울에 조금 건조하다? 싶을 때는 엄마 크림 몰래 바르고 자기도 해요.

나훈녀 • 어…… 엄마 크림을 바른다구요?

김화떡 • 네. 엄마 크림이 비싸잖아요. 비싼 크림이 피부에도 좋은 거 아니예요?

학생들 • 맞아. 난 언니 것도 훔쳐다가 막 바르고 그러는데?

나훈녀 • 이것 참 심각한 문제일세. 비싼 크림을 많이 발랐으니까 오늘은 피부 관리를 잘 한 거야! 라고들 생각하나요? 절대 아닙니다. 게다가 엄마가 바르는 크림은 여러분 피부에 전혀 맞지 않아요! 빨리 2교시에 돌입해야겠군요. 이번 시간에는 기초 화장에 대해서 공부해봅시다!

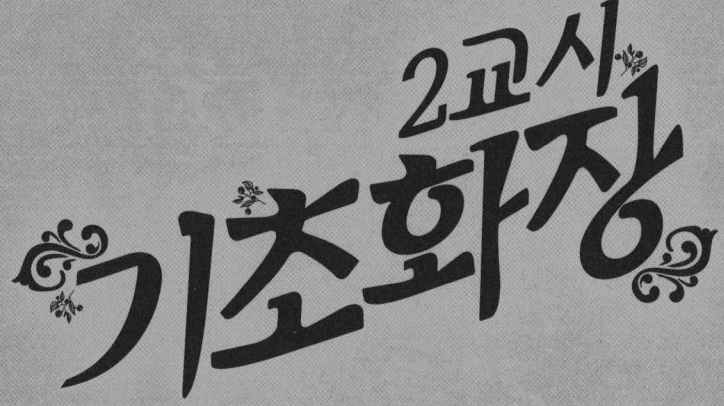

2교시
기초화장

기초화장 전 준비해야 할 것들

　여러분은 주로 어디서 화장품 쇼핑을 하나요? 미샤, 이니스프리, 에뛰드하우스 등 로드숍이 제일 많겠죠? 본격적인 화장을 하려면 이런 곳들보다 먼저 들러야 할 장소가 있어요. 바로 다이소나 올리브영 같은 곳이죠. 저렴이 제품들과 더불어 피부 관리와 화장에 유용한 소품들이 다양하게 구비되어 있거든요.

기초화장을 도와주는 착한 소품들

♥ 바셀린

어느 화장품에 섞어도 보습 기능을 300% UP! 시켜주는 머스트 해브 아이템! 립밤 대신으로 쓸 수도 있고, 립글로스도 만들 수 있고, 수분 크림과 섞어 아이 크림으로도 사용할 수 있지요. 작은 사이즈 하나면 꽤 오래 써요.

♥ 화장솜

인터넷에서 구입하면 싸요! 사이즈별로 갖추고 있음 더 좋아요.

♥ 면봉

도톰한 것과 뾰쪽한 것, 두 가지 종류를 가지고 있으면 좋아요.

♥ 헤어밴드

세수를 할 때도, 메이크업을 할 때도 이마를 완전히 드러내고 시작합니다.

♥ 세안 타월

각질 제거 효과도 좋고, 화장을 지울 때도 이중 세안할 필요 없이 구석구석 깔끔하게 제거해줘요.

기초 화장품의 종류와 피부 타입별 선택

　화장품 브랜드는 늘 다양한 종류의 신제품을 출시하죠? 한 회사에서 나오는
화장품이라도 그 종류는 수도 없이 많아요. 그 이유는 한 제품이 다양한 질감으
로 나오기 때문이에요. 클렌저만 하더라도 클렌징 오일, 폼, 젤, 워터…… 엄청나게
다양하죠? 왜 화장품 회사들은 한 가지 제품을 이렇게 굳이 나눠서 파는 걸까
요? 그 이유는 피부 타입에 따라 제일 잘 맞는 제형이 따로 있기 때문이죠! 화장
품의 제형은 그 안에 있는 유분과 수분의 비율에 따라 달
라져요. 건성 피부인 친구가 '강추'하는 크림을 따라 사서
발랐는데, 여드름이 돋아서 억울했던 적 있죠?

그러니 자신의 피부 타입에 맞는 화장품 제형을 선택하는
것이 좋아요. 그럼 어떤 피부에 어떤 제품이 맞을지 알아
볼까요?

제형이란? 화장품의 사용 목적이나 용
도에 따라 질감이 달라지는 것을 말해
요. 스킨, 로션, 에센스, 크림, 오일 등 모
두 질감이 다르죠? 그건 바로 제형이
다르기 때문이에요.

종류	제형	건성 피부	민감성 피부	중·복합성 피부	지성·여드름 피부
메이크업 리무버, 클렌저	클렌징 리퀴드 오일	★★★	★★★	★★★★	★
	클렌징 밤, 클렌징 크림	★★★★★	★★★★	★★★	★
	클렌징 밀크	★★★★★	★★★★★	★★★★	★★
	클렌징 워터, 클렌징 시트	★★★★	★★★	★★★★★	★★★★★
	클렌징 젤	★★★	★★★	★★★★	★★★★★
	클렌징폼	★★★	★★	★★★★	★★★★
마스크	시트 마스크	★★★★	★★★	★★★★	★★★★
	모공 수축 마스크	★★	★★	★★★★	★★★★★
각질 제거제	스크럽	★★★★	★★	★★★★★	★★★
	필링 젤	★★★	★	★★★★	★★★★
토너	콧물 토너, 오일 토너	★★★★★	★★★★	★★★	★★
	토너, 스킨로션	★★★★	★★★	★★★★★	★★★★
	아스트린젠트, 모공 토너	★	★	★★★	★★★★
	미스트, 온천수 스프레이	★★★★★	★★★★★	★★★★	★★★
보습제	로션, 수분 에센스	★★★★	★★★	★★★★	★★★★
보습제	수분 크림	★★★★	★★	★★★	★★★
보습제	페이셜 오일, 고보습 크림	★★★★★	★★★★	★★★	★★
자외선 차단제	액상형 자외선 차단제, 자외선 차단 로션	★★★	★★★	★★★★	★★★★
	자외선 차단 크림	★★★★★	★★★★	★★★	★

★ 트러블 날 가능성 높아요 | ★★ 트러블 날 가능성 있어요 | ★★★ 무난해요 | ★★★★ 괜찮은 제품 | ★★★★★ 추천!

내 화장품은 클렌징 기능? 보습 기능?

기초 화장품의 종류는 수도 없이 많지만 결국엔 모두 피부 관리의 '클렌징→ 보습→ 보호'의 3단계를 위한 화장품이라고 말할 수 있어요.

클렌징은 피부에서 '제거'를 하는 단계지요. 피지, 각질, 더러움 등등을요. 메이크업 리무버, 클렌징폼, 각질 제거제 등이 여기에 해당해요. 보습은 피부에 '집어넣는' 단계죠. 수분, 유분과 함께 피부에 유용한 성분을 넣습니다. 로션, 크림, 에센스…… 모두 여기에 해당해요. 마지막 단계는 '보호'입니다. 피부를 손상시키지 못하도록 막는 거죠. 대표적인 제품이 바로 자외선을 막아주는 자외선 차단제예요. 사용 방법과 성분에 따라 클렌징 될 수도 보습이 될 수도 있는 제품들도 있죠. 토너를 예로 들어볼까요? 화장솜에 묻혀서 닦아내는 토너들은 클렌징을 위한 제품이에요. 모공 토너, 각질제거용 토너 등이 있죠. 또 손에 덜어 촉촉하게 발라주는 토너는 보습을 위한 제품이죠. 오일 토너나 콧물 토너라고 불리는 제품들이 여기 속해요. 마스크도 마찬가지! 딥클렌징팩 같이 마지막에 씻어내는 마스크는 클렌징 제품, 피부에 흡수시키는 시트팩과 크림팩은 보습 제품이죠.

화장품을 살 때는 내가 클렌징 기능의 제품을 사는가, 보습 기능의 제품을 사는가를 잘 구분하세요. 왜냐! 건성 피부인데도 클렌징 기능의 제품만 계속 사용한다면? 피부가 쩍쩍 갈라지듯이 건조해지겠죠? 반대로 지성 피부가 보습 기능의 제품만 바른다면 뾰루지가 우두두 솟아날 수도 있는 거죠.

저렴이와 고렴이의 차이점은?

화장품의 가격대는 브랜드, 제품, 케이스 심지어 판매 장소에 따라 천차만별이에요. 비싼 화장품이 우수한 경우가 많은 것은 사실이죠.

하. 지. 만! 저렴이들은 품질이 좋지 않다? 오히려 피부에 좋지 않다? 하는 말들은 절대 사실이 아니에요. 애초에 화장품에 들어가는 성분들은 그리 비싸지 않아요. 저렴이라고 품질이 팍 떨어지는 성분을 사용하진 않는다는 거죠. 비싼 브랜드나 저렴한 브랜드나 성분 자체로는 큰 차이가 없다고 보는 편이 맞아요.

토너는 물에 보습 성분과 피부를 진정시켜주는 성분, 그리고 알코올이 살짝 들어간 제품이에요. 매우 단순하죠? 절대 비싼 제품을 쓸 필요가 없어요. 로션이나 크림 같은 보습제는 어떨까요? 마찬가지예요. 이런 제품에 주로 들어가는 성분인 미네랄 오일, 페트로라텀, 글리세린은 모두 최고의 보습력을 자랑하죠. 하지만 성분 자체는 저렴해요. 슈퍼에서 파는 바셀린과 백화점에서 30만 원이 넘는 가격에 파는 라메르 크림 모두 페트로라텀이 주성분이에요.

그럼 비싼 화장품은 도대체 왜 그렇게들 비싼 걸까요? 그건 기술적인 부분에서 차이가 나기 때문이죠. 즉 비싼 화장품은 화장품 속에 있는 좋은 성분들을 피부에 잘 전달하는 기술이 발달되어 있다, 이거죠. 하지만 이것 역시 어른들이 쓰는 비싼 에센스에나 해당하는 얘기입니다. 토너, 로션, 클렌저 같은 기초 화장품에는 큰 의미가 없죠.

네? 그렇게 말하는 선생님은 어떤 제품을 쓰고 있냐구요? 비싼 화장품도 물론 있지만 1,500원짜리 해피바스 클렌징폼도 너무 잘 쓰고 있어요. 건성 피부인 제가 아주 아주 촉촉~한 크림이 필요할 때 사는 제품은 무엇일까요? 슈퍼에서 파는 흰색 니베아 크림이에요. "그래도 난 크림에 투자할 거야! 난 소중하니까!" 하는 친구들에게는 약국 브랜드 크림을 추천해요. 로드숍 제품보다 비싼 것 같지만 300ml씩 나오는 대용량 크림은 오히려 저렴한 경우가 많아요. 이런 크림들은 얼굴과 몸에 다 바를 수 있고, 한겨울 건조할 때는 이 크림을 도톰~하게 바르고 자면 피부가 보들보들해져요.

비싼 화장품을 쓴다고 피부가 무조건 좋아지지 않는다는 사실, 이제 알았죠?

Q : 화장품 사용량이 궁금해요

잠깐만요, 교장 선생님! 질문이요! 화장품 사용설명서를 보면 '적당량'을 덜라고 하는데 이 적당량이 도대체 어느 정도인지 감이 안 와요. 많이 사용해봤자 어차피 제대로 흡수도 안 된다고 말하는 사람도 있고, 아끼지 말고 팍팍 쓰라는 말도 들었어요. 대체 화장품의 사용 적당량은 얼마큼인가요?

A : 제형에 따라 다르답니다

로션을 예로 들어볼게요. 로션은 50원짜리 동전 크기 정도로 짜서 쓰는 것이 적당해요. 크림은 로션의 2/3정도가 좋구요. 뻑뻑한 밤 타입이라면 50원 동전의 절반 정도로도 얼굴 전체에 펴 바를 수 있어요. 하지만 이건 어디까지나 가이드라인일 뿐! 내 피부가 화장품을 얼마큼 원하는지는 상황에 따라 달라지죠. 세수만 해도 끈적거리는 여름에는 로션을 50원 동전만큼만 발라도 순식간에 번들번들! 그러나 한겨울에는? 크림을 대추씨만큼 발라도 건조해진 피부가 주는 대로 꿀꺽꿀꺽 먹을 거예요. 피부가 배고픈 만큼 충분한 양을 주세요.

화장품 제형에 따라서도 사용량이 달라져요. 수분이 많을수록 피부에 발랐을 때 '삭' 하고 잘 펴지죠. 그래서 피부에도 빠르게 흡수되지만 사용량이 좀 헤퍼요. 무심코 쓰다 보면 금세 바닥을 보이죠. 반면 유분이 많으면 피부에 천~천히 흡수가 되죠. 필요한 양도 적구요. 그래서 토너나 로션이 크림보다 큰 용량으로 나오는 거예요.

내 피부에 맞는 화장품을 찾았다면 사용하는 양을 아끼지 마세요. "비싼 화장품이니 팍팍 쓰기 아까워요!" 하는 것만큼 어리석은 생각은 없어요. 토너를 화장솜에 적실 때에도 팍팍! 아끼지 말고 사용해주세요. 딱 화장솜 한 가운데에만 적셔서 사용하면 나머지 건조한 부분에 피부가 쓸려서 자극이 될 수 있으니 아끼지 말고! 정 아깝다면 화장솜을 일단 생수에 적셔서 꼭 짠 다음에 토너를 묻히는 방법도 있어요. 이렇게 토너를 아낌없이 피부에 투자하려면 조금 저렴한 가격의 제품을 구입하는 것이 속 편하겠죠? 바르는 방법도 중요! 한꺼번에 많은 양을 바르면 흡수가 안 되고 겉돌 수 있어요. 로션이나 크림은 베스킨라빈스에서 주는 핑크 스푼을 떠올려보세요. 여기에 로션을 담는다고 생각하세요. 스푼에 넘치는 정도가 아니라 적당히 차는 정도로요. 이 정도를 손바닥에 덜어 살짝 비벼 온도를 높이세요. 그 후에 피부에 꼭꼭 누르면서 흡수될 때까지 가볍게 문지르거나 두드려줍니다. 이렇게 한두 번에 걸쳐 나눠서 흡수시켜주면 더 촉촉하게 바를 수 있어요.

아이 크림과 에센스, ★★★
꼭 발라야 하는 걸까?

　기초 화장품에서 가장 비싼 제품이 바로 아이 크림과 에센스죠. 미백, 주름 개선 등 기능도 다양해 어른이 되면 필수로 갖춰야 할 제품으로 인식되고 있는데요. 이 아이 크림과 에센스, 10대인 여러분도 꼭 발라야 할까요? 예방 차원에서 10대 때부터 바르면 좋다고도 하고, 너무 어렸을 때부터 사용하면 피부에 내성이 생겨 어른이 되면 효과가 떨어진다는 말도 있죠. 어떤 말이 맞을까요?

　정답은 없어요. 둘 다 틀린 말이죠.

　아이 크림에 특별한 성분은 들어 있지 않아요. 얼굴용 크림보다 좀 더 진하고 보습력이 높을 뿐이죠. 눈 주변은 다른 부위보다 더 건조하니까요. 아이 크림을 바른다고 눈주름이 덜 생기는 것도 아니고, 지금부터 사용한다고 어른이 됐을 때 아이 크림의 효과가 떨어지는 건 더더욱 아니예요. 피지 분비가 활발한 여러분 나이 때 눈가 피부가 건조해지는 일은 흔치 않아요. 그렇기 때문에 10대들에게 아이 크림이 필요 없는 거예요. "선생님! 전 10대인데도 눈가에 건조한 느낌이 들어요!" 한다면 아이 크림을 사용해보는 것도 한 방법이에요. 단, 저렴한 제품으로요! 만 원대 아이 크림도 그 역할은 충분히 한답니다.

　에센스는 더더욱 어른에게 양보하세요. 어느 누구든지 세월을 비켜갈 순 없겠죠? 그건 피부도, 피부 색소를 만들어내는 '멜라닌'이라는 세포도 마찬가지예요. 나이가 든 멜라닌 세포는 균형 감각을 잃고 피부 한 구석에 색소를 몰빵시켜요! 그래서 거뭇거뭇한 기미와 주근깨가 생겨나죠. 이런 피부의 불균형을 맞춰주는 제품이 바로 에센스!

하지만 여러분의 피부에 에센스가 꼭 필요하진 않아요. 지금 여러분이 쓰는 토너, 로션, 크림, 심지어 BB크림에도 노화를 막아주는 성분이나 미백 성분이 들어간 제품이 많답니다. 아직은 그 정도로 충분해요. 아 부럽다! 세안 후에 바로 바르는 '퍼스트 에센스'도 콧물 로션이라 불리는 제품과 성분은 거의 같아요. 수분 에센스도 로션과 성분 차이가 거의 없죠. 가격은 더 비싼데 용량은 절반밖에 안 되는 제품을 일부러 구입할 필요는 없잖아요?

Q : 화장품은 꼭 라인을 통일해서 사용해야 하나요?

선생님! 제가 며칠 전에 처음으로 혼자 화장품을 사러 갔는데요. 기초 화장품들이 '화이트닝', '모공' 등 라인으로 맞춰서 주르륵 나와 있더라구요. 전 넓은 모공과 칙칙한 피부가 고민이거든요? 그럼 모공 라인 제품을 써야 하나요, 화이트닝 라인 제품을 써야 하나요? 또 한 라인을 선택하면 다른 제품들도 전부 맞춰서 구입해야만 하나요? 라인을 섞어 쓰면 효과가 떨어지나요? 알려주세요!

A : 라인을 믹스 매치하면 더 효과적인 피부 관리를 할 수 있어요

일단 모공 관리 제품에 대한 환상부터 깨드릴게요. 모공 라인에 모공을 줄여주는 성분은 들어있지 않아요. 아니 모공을 줄여주는 성분 자체가 존재하지 않아요. 모공이 넓어 고민인 친구들 대

부분이 지성 피부예요. 그래서 모공 라인은 주로 지성 피부를 위한 제품이죠. 유분이 적고 사용감은 산뜻해요. 또 모공 수축 마스크나 모공 토너 등 주로 '클렌징 기능'을 하는 제품들이 많아요.

화이트닝 에센스도 마찬가지! 화이트닝 라인은 멜라닌 색소를 억제하는 기능을 해요. 주근깨나 기미가 있는 피부를 위한 제품이죠. 어려서부터 피부가 까만 친구들은 화이트닝 에센스로 하얘지지 못해요. 그럼 칙칙한 피부에는 효과가 있을까요? 칙칙한 피부는 두꺼운 각질과 피지가 원인입니다. 10대 때는 피부 안의 유·수분 밸런스만 잘 맞춰도 투명함과 깨끗함은 90% 보장받은 거나 다름없죠. 그러니 비싸기만 한 화이트닝 등의 기능성 에센스에 솔깃하지 마세요.

모공 라인이니 수분 라인이니 하며 한 라인의 제품을 모두 구입하는 것도 비추! 마치 옷과 백, 구두를 모두 한 색으로 깔맞춤하는 거나 마찬가지예요. 성공하면 매우 멋진 룩이 나올 수도 있지만 대부분은 너무 촌스럽잖아요.

우리 처음 '피부 ZONE'을 공부했죠, 기억나세요? 얼굴 안에도 다양한 피부 상태가 존재해요. 그러니 화장품 회사의 한 가지 라인에 올인 하는 것보다 내 피부에 맞는 제품을 사용하면 나만의 맞춤 화장품 라인을 완성할 수 있어요. 피부가 칙칙하다고 했죠? 주로 각질이 잘 쌓이고 피지가 많이 분비되는 T존이 그럴 거예요. 콧등에는 블랙헤드가 있고 모공이 넓지만 S존과 아이존은 오히려 건조하죠? 이런 피부를 수분 부족형 지성 피부라고 해요. 한 가지 라인만으로는 보습도, 모공도 만족하기 어렵죠.

자, 그럼 나만의 기초 라인을 어떻게 꾸며야 할지 수분 부족형 지성 피부를 예로 들어 설명해볼게요.

♥ 클렌저

: 각질과 피지를 적절하게 제거하는 것이 목표!

우선 클렌저. 저라면 클렌저는 산소 성분이 들어간 클렌징 팩을 선택하겠어요. 앞에서 팩도 클렌징 단계가 될 수 있다고 설명했죠? 번거롭게 따로 팩을 해주지 않아도 팩과 클렌징, 두 가지 효과를 동시에 볼 수 있어요.

♥ 토너

: 2차적으로 자극 없이 각질, 피지를 제거하는 것이 목표!

토너는 모공 토너를 선택했어요. 알코올이 들어 있지 않아 피부가 건조해지는 것을 막아주면서 모공 속 피지와 각질을 제거하는 '살리실산'이 들어 있는 제품으로요. 살리실산에 대해서는 '클렌징' 파트의 '물리적 각질 제거제, 화학적 각질 제거제'를 참고하세요.

♥ 보습제

: 끈적임 없는 수분 공급이 목표!

지성 피부에게 너무 끈적끈적하고 유분이 많은 크림은 좋지 않겠죠? 그래서 보습제는 산뜻한 제형의 로션을 선택했어요. 끈적임은 적지만 피부에 촉촉하게 스며들어 수분을 보충해주죠.

이렇게 산소 + 모공 + 수분 라인을 더해줌으로써 각질과 피지를 제거하며 한결 촉촉하고 환한 피부로 가꿀 수 있어요. 어때요. 어떻게 나만의 기초 라인을 만들지 조금은 감이 잡히죠?

shopping guide

물 없이, 또 없이, 물건 지른다?

안 보면 너만 손해

산소 화장품

검색 키워드 : 산소 마스크, 산소 클렌저

이름에 '산소'가 들어가는 제품은 피부가 투명해지는 것을 도와준다고 보면 돼요. 특히 중·지성

피부에 적합하죠. 산소에는 항균 효과도 있기 때문에 트러블 피부에도 추천해요. 하지만 개인에

따라 자극을 느끼는 사람들도 있어요. 민감 피부는 피하도록 하세요.

기초 화장품, 꼭 순서대로 발라야 할까?

화장품 회사에서는 4~5가지 기초 화장품을 순서에 맞춰 사용하라고 하죠? 과연 그대로 따라야 할까요? 전혀요! 마치 인터넷 쇼핑몰에서 피팅 모델에게 팔고 있는 모든 옷을 다 입히는 것과 마찬가지예요. 티셔츠 위에 남방, 조끼, 카디건, 재킷, 코트를 전부 입었다고 생각해보세요. 얇은 재질에서 두꺼운 순서대로 옷을 입힌 것은 사실이지만 외출할 때 이 옷들을 한꺼번에 다 입어야 하는 건 결코 아니죠.

피부 관리의 룰은 단순해요.

❀ 첫째. 클렌징 뒤에 하는 피부 관리는 최고 3단계를 넘지 않게!

❀ 둘째. 제거한 만큼 보충해줄 것!

그 어떤 피부라도 피부 관리는 이 두 가지 원칙을 따릅니다. 또 기본적으로 클렌징→ 보습→ 보호의 단계를 거치죠. 예를 들어볼까요?

모든 피부 타입 : 클렌징→ 보습→ 보호

ex1) 클렌징폼→ 로션 or 크림→ 자외선 차단제(낮)

어때요? 감이 오죠? 어떤 피부 관리라도 이 3단계를 거치게 돼요. 그럼 피부 별로 자세하게 살펴보죠.

건성 피부라서 피부가 건조하다구요? 그렇다면 보습 단계를 나눠주세요.
ex2) 클렌징폼→ (수분 미스트→ 수분 크림)→ 자외선 차단제

지성 피부라 꼼꼼한 클렌징이 하고 싶은가요? 클렌징 단계를 나눠보죠.
ex3) (오일프리 클렌징 젤→ 각질·피지 제거 토너)→ 로션→ 자외선 차단제(낮)

한여름에는 하나만 발라도 끈적이고 무겁다구요? 그럼 클렌저와 각질제거 토너를 하나로 합치고 로션과 자외선 차단제를 하나로 합쳐볼까요?
ex4) 스크럽 클렌징폼→ 자외선 차단 기능의 로션(낮)

이렇게 화장품은 자신의 피부 상태에 맞게 보습제나 클렌저를 2~3가지로 나눌 수도 있고 한 제품으로 합칠 수도 있어요. 화장품 회사가 왜 자외선 차단제만 5~10가지씩 만들겠어요? 이렇게 필요에 따라 선택할 수 있도록 하기 위해서지요. 다음 기본 규칙만 지킨다면, 화장품을 꼭 순서대로 사용하지 않고 본인 피부가 필요로 하는 제품만 선택해서 쓸 수 있어요. 여러분이 옷장에서 필요한 옷을 골라 입는 것과 마찬가지로요!

기초 화장품 기본 규칙

♥ 제형이 묽은 것부터 진한 순서대로 사용합니다. (ex. 토너→ 수분 에센스→ 수분 크림)

♥ 각질 제거 제품을 사용한다면 피부 관리의 제일 첫 단계로 사용해주세요. 유분이 적은 제품부터 순서대로 사용합니다. (ex. 수분 에센스→ 크림)

♥ 로션과 크림을 함께 사용할 필요는 없어요. 보습제는 기본으로 한 가지만 선택하면 OK!

♥ 오일을 사용할 땐 수분 제품 다음으로, 크림 전 단계에 사용하세요. (ex. 토너→ 페이셜 오일→ 크림)

♥ 자외선 차단제는 언제나 피부 관리의 제일 마지막에 사용할 것!

나훈녀 • 자, 여러분이 얼마나 기초화장에 대해 잘 몰랐는지, 이제 알았나요?

학생들 • 네에!

나훈녀 • 화떡 학생도 잘 알았죠?

김화떡 • 네…… 비싼 크림이면 다 피부에 좋은 줄 알았는데……

나훈녀 • 엄마들이 바르는 크림은 대부분 기능성 화장품인 경우가 많죠. 기능성 화장품은 화장품의 기본 역할인 보습 외에도 여러 효과를 가져다주는데요. 피부를 환하게 만들어주는 미백, 주름 개선, 피부 재생 등등 종류가 아주 다양해요. 그럼 여기서 문제! 여러분이 꼭 써야 할 기능성 화장품은 무엇일까요? 화떡 학생, 뭔지 알겠어요?

김화떡 • 음…… 피부 트러블에 효과적인 제품 아닐까요……?

나훈녀 • 땡! 틀렸어요. 정답은 바로 자외선 차단제입니다.

학생들 • 헐~ 자외선 차단제??

김화떡 • 헐? 그건 그냥 여름에 타지 말라고 발라주는 거 아니예요?

나훈녀 • 모르는 소리! 자외선 차단제야말로 여러분이 지금부터 잊지 말고! 평생! 꼬박꼬박 발라야 할 기능성 화장품이에요. 3교시는 자외선 차단제에 대해 알아보도록 하죠!

3교시
자외선
차단제

자외선 차단제가 뭐야?

검색 키워드 : UVA, UVB, UVC

피부가 환해지길 바라세요? 볼에 있는 주근깨를 다 없애버리고 싶죠? 주름살은 모든 여자가 해결해야 할 숙제나 다름없죠. 그런 우리에게 필요한 제품이 뭘까요?

화이트닝 제품? 놉. 주름 개선 화장품? 노노놉!

정답은 바로 자외선 차단제! 자외선 차단제는 특히 피부 노화 예방에 효과가 있다고 인증 받은 유일한 기능성 화장품이에요. 10대가 꼭 사용해야 할 기능성 화장품이기도 하죠. 이번 시간에는 선택이 아닌 필수! 꼭 사용해야 할 화장품인 자외선 차단제에 대한 모든 것을 알려드릴 거예요.

자외선, 자외선, 자외선! 자외선이 대체 뭐기에 조심하라고 하는 걸까요? 우선 우리가 자외선이라고 부르는 것의 정체를 파악해볼까요? 자외선은 UV(Ultraviolet)라고 하는데 그 파장의 길이에 따라 세 가지 종류로 나뉘어요. 바로 UVA(Ultraviolet A), UVB(Ultraviolet B), UVC(Ultraviolet C)죠. 이 중에 UVC는 오존층이 차단을 해준답니다. 지구에 도달하는 자외선은 UVA와 UVB죠. 그리고 자외선 차단제는 이 두 자외선을 막아주는 역할을 해요. 자외선 차단제 제품을 보면 'SPF 30, PA+++' 등이 표시되어 있죠? 이건 바로 자외선을 차단해주는 지수를 말해요.

♥ PA

'PROTECTION grade OF UVA'의 약자로 UVA를 차단해주는 지수예요. '+'등급으로 차단 지수를 나타내죠. PA+, PA++, PA+++로 표시하는데 피부 노화와 직결되기 때문에 언제나 PA+++를 구입해 사용하는 것이 좋습니다. 아무리 사용감이 좋아도 PA+는 거들떠도 보지 마세요!

♥ SPF

'SUN PROTECTION FACTOR'의 약자로 UVB를 차단하는 지수를 말해요. 여기서 잠깐! 자외선 차단제에 대해 가장 잘못 알려진 사실 중 하나가 'SPF 지수 = 자외선으로부터 피부를 보호하는 시간'이라는 거예요. 예를 들면 SPF 1을 15분으로 계산하여 SPF 30이면 7시간 30분 동안 피부를 보호한다는 생각들을 해요. 그러나 이 계산은 틀린 거예요. 절대 아닙니다!

SPF는 자외선을 막아주는 '양'을 표시한 지수입니다. SPF 15는 자외선을 14/15 차단해줍니다. 계산해보면 93% 차단이죠. SPF 30은 자외선을 29/30 차단해줍니다. 96% 차단을 해준다는 거죠. SPF 50은 자외선을 49/50 차단해줍니다. 즉! 98%가 차단된다는 겁니다. 그러니 일상 생활을 위해선 SPF 30 정도는 사용해주는 것이 좋겠죠? 햇빛이 강해지는 여름엔 SPF 40~50 정도의 제품을 사용하는 것이 좋습니다.

자외선 차단제가 중요한 이유

그렇다면 왜 제가 이렇게 자외선 차단제를 사용하라고 하는 걸까요? 그것도 1년 내내 말이죠. 피부가 타니까? 주근깨가 짙어질 수도 있어서? 그런 이유도 물론 있어요. 하지만 자외선 차단제가 정말 중요한 이유는! 자외선에 피부가 계속 노출되면 피부가 일찍 늙어버리기 때문이에요.

특히 UVA는 Aging, 피부에 노화를 일으키는 자외선이에요. UVA에 노출된다고 해서 바로 피부에 큰 손상을 입는 건 아니지만, 가랑비에 옷 젖듯 아주 서서히 피부를 늙게 만들어요. 또 UVA는 멜라닌 색소를 자꾸 건드려요. 그래서 UVA에 계속 노출되면 피부가 어둡고 칙칙해지고 주근깨도 생겨나요. 좀 더 나이가 들면 기미까지! 30살에 생긴 눈가 주름의 원인은 20살 이전에 받은 자외선 때문이라는 연구 결과도 있어요. 한마디로 피부 미용에 가장 큰 적! 그러므로 생후 6개월인 아기 때부터 자외선 차단제를 꼭꼭 발라주는 습관을 들이는 것이 중요해요. 또 UVA는 1년 내내 거의 같은 양으로 존재하기 때문에 매일매일 발라주는 것이 무엇보다 중요해요.

피부가 빨리 늙는 것을 막고 싶다면? 비싼 기능성 화장품을 사용하기보다는 10대 때부터 자외선 차단제를 꼬박꼬박 바르는 생활 습관을 기르는 것이 훨씬 더 효과적이죠!

UVB는 Burning이라고 보면 돼요. 피부에 일광화상을 일으키는 자외선이죠. 한여름에 제일 강하고 겨울엔 약해지지만, 스키나 보드 같은 겨울 스포츠를 즐긴다면 자외선이 눈에 반사되어 2배로 자극을 주게 돼요. 겨울에도 결코 방심해선 안 되는 거죠.

일광화상이란?
피부에 자외선이 과도하게 노출되어 붉고 따가운 증상이 나타나는 것을 말해요. 자외선에 많이 노출되는 여름에 잘 발생하죠.

다양한 타입의 자외선 차단제, 그 선택은?

▶ 제형별 선택 ☞ 라이프스타일에 따라!

자외선 차단제는 대부분 로션, 크림 제품이지만 이 외에도 다양한 제형이 있답니다. 그리고 각각 특징을 가지고 있지요.

제품별	장점 + 특징	단점 + 주의할 점	Best
로션	•산뜻한 사용감. •피부에서 잘 퍼져요. •덧바르기 좋아요. •낮에는 로션 대신으로 바를 수 있어요.	•방수 타입이 아니라면 땀과 피지에 쉽게 녹아내려요.	•모든 피부 타입 •중성 피부 •지성 피부
크림	•보습력이 좋아요. •낮에는 수분 크림 대신으로 바를 수 있어요.	•무겁고 끈적이는 편이라 듬뿍 바르기가 불편해요. •방수 타입이 아니라면 땀과 피지에 쉽게 녹아내려요.	•건성 피부
액상 (수정액 타입)	•가장 산뜻한 사용감. •피부에서 잘 퍼져요. •방수 타입이 많아요.	•알코올 성분이 들어가서 건성 피부나 민감성 피부라면 자극적일 수도 있어요. •시간이 지날수록 건조해져요. •잘 지워지지 않아요. •여드름 피부가 사용하면 모공이 막힐 수도 있어요.	•복합성 피부 •지성 피부
스틱	•눈가, 광대뼈, T존, 두피 등 일반 자외선 차단제로 바르기 어려운 부분까지 쉽게 바를 수 있어요.	•스틱을 바르고 화장을 하면 피부가 탁해 보일 수도 있어요.	•야외 스포츠를 할 때 •민감성 피부
스프레이	•산뜻한 사용감. •팔, 다리 등 넓은 부위에 바르기 편해요.	•얼굴에는 직접 뿌리지 마세요. •뿌리는 동안에는 숨을 참아주세요.	•여름철 팔·다리에 •야외 스포츠를 할 때
팩트·에어쿠션	•산뜻한 사용감. •간편하게 덧바를 수 있어요.	•메이크업 제품으로 나온 경우에는 자외선 차단제로 사용할 수 없어요. 덧바를 때에만 사용해주세요.	•수정 화장을 할 때 •자외선 차단제를 덧바를 때

▶ 성분별 선택 ☞ 피부 타입에 따라!

자외선 차단제는 피부 타입에 따라 골라야겠죠? 나에게 잘 맞는 제형을 찾는 것이 중요해요. 그리고 또 한 가지. 자외선 차단제를 고를 때에는 차단 성분의 종류도 따져봐야 해요. 자외선 차단 성분의 종류는 크게 '화학적 자외선 차단 성분'과

'물리적 자외선 차단 성분(비화학적)'의 두 가지로 나뉘어요. 물리적(비화학적) 자외선 차단 성분은 쉽게 말해 아주 고운 돌가루라고 할 수 있어요. 피부 표면에 얇은 보호막을 만들어 자외선을 반사!시키죠. 자외선 차단제를 발랐을 때 하얗게 ==백탁현상==이 나타난다면 '아, 이 제품에는 물리적 자외선 차단 성분이 들어갔구나'하고 생각하면 돼요. 피부 자극이 적어서 피부가 민감한 사람이나 아기들이 쓰는 자외선 차단제이기도 해요. 화학적 자외선 차단 성분은 자외선을 쭉쭉 흡수해서 파괴시켜버려요. 투명하고 산뜻하지만 예민한 피부에는 다소 자극적이에요. 이렇게 물리적 자외선 차단 성분과 화학적 자외선 차단 성분은 각각 장단점이 있기 때문에 자외선 차단제는 대부분 이 두 가지를 섞은 복합형이랍니다.

그럼 어떤 피부 타입에 어떤 자외선 차단 성분이 잘 맞는지 알아볼까요?

> 백탁현상이란? 자외선 차단제를 발랐을 때 하얗게 되는 현상을 말해요. 자외선 차단제가 어떤 성분으로 되어 있느냐에 따라 백탁현상이 나타나죠.

피부 타입별	자외선 차단 성분	제형별	참고하세요!
건성~중성	복합형	로션, 크림	크림 타입은 쉽게 지워지므로 자주 덧발라야해요.
중성~지성	복합형, 화학적	젤, 로션, 액상	방수 타입의 자외선 차단제가 지속력이 좋아요.
여드름	복합형, 화학적	젤, 로션	물리적 차단 성분이 많이 함유될수록 피부에 무겁고 모공을 막는 경향이 있습니다.
민감성	물리적	로션, 크림	알코올이 들어간 제품은 피하세요.

자외선 차단제, 제대로 바르자!

▶ 자외선 차단제, 과연 얼마큼 발라야 할까?

자외선 차단제의 적정량은 여러분이 생각하는 것보다 훨씬 많아요. $1cm^2$당 $2mg$, 얼굴 전체는 약 $0.8g$입니다. 감이 안 오죠? 그럼 쉽게 설명해줄게요. 손가락을 예로 들면 얼굴은 검지 1.5~2마디 정도의 크기가 됩니다. 계량스푼이 있다면 티스푼 1/2에 살짝 넘치는 정도. 계량스푼이 없다면 배스킨라빈스에서 주는 핑크색 스푼 알죠? 그 스푼으로 가득! 뜬 정도의 양이에요. 이것을 1유닛으로 볼 때 얼굴, 목, 손은 각각 1유닛, 팔은 2유닛, 다리는 4유닛 정도의 비율로 발라야합니다. 끈적인다고 진주알만큼만 바르면 그건 자외선 차단 효과가 거의 없다고 볼 수 있어요. 특히 놓치기 쉬운 손과 목!! 깜빡하고 자외선 차단제 바르는 것을 잊기 쉽지만 손과 목은 가장 먼저 노화가 오는 부분이에요. 얼굴만 열심히 바르지 말고 손과 목, 팔, 다리 등 햇빛에 노출되는 부위는 모두 골고루 발라줘야 해요.

▶ 자외선 차단제, 얼마나 자주 덧발라야 할까?

차단 지수가 아주 높은 제품을 발랐다 해도 자외선 차단제는 땀과 피지 등으로 계속 지워져서 차단 효과가 약해져요. 그러므로 2~3시간에 한 번씩은 덧발라주는 것이 좋아요. 방수 제품을 사용하면 지속력은 좀 더 길어져요. 그러나 방심은 금물! 방수 제품을 사용해도 땀을 비 오듯 흘린다면 역시 2~3시간마다 덧발라줘야겠죠? 특히 물에 들어갔다 나올 때는 타월로 몸을 닦은 후 즉시 자외선 차단제를 덧발라줘야 합니다. 방수 제품이라도 예외는 없어요!

얼굴에 자외선 차단제를 바를 때는 구석구석 꼼꼼하게! 그런데 얼굴에서 자외선 차단제를 바르기 어려운 부분이 있어요. 바로 눈가죠. 지금 쓰고 있는 자외선 차단제를 눈가까지 꼼꼼히 바르면 눈이 시리거나 따가운 증상이 나타날 수도 있거든요. 이런 경우에는 썬 스틱을 사용하면 좋아요. 눈가에 꼼꼼하게 발라도 눈이 시리지 않거든요.

Tip

Q : 비싼 자외선 차단제가 더 효과적으로 자외선을 차단해줄까요?

A : 자외선을 차단하는 성분은 모두 식약청에 정해져 있어요.

그 성분을 가지고 백화점 브랜드도, 로드숍 브랜드도 자외선 차단제를 만드는 거지요. 그렇기 때문에 아무리 비싼 브랜드라도 SPF 20 PA++는 저렴이 브랜드 SPF 40 PA+++보다 차단효과가 떨어지게 됩니다.

Q : 하루 종일 집 안에만 있을 때도 발라야 해요?

A : 낮에는 발라야 해요! 자외선의 70% 이상이 창문을 통해 들어오거든요.

Q : 햇빛 없는 날은 괜찮겠지요?

A : 자외선은 구름을 뚫고도 들어온답니다. 구름 낀 날은 햇빛이 강하지 않은 것 같지만 피부를 노화시키는 UVA의 양에는 큰 차이가 없어요.

Q : 형광등에서도 자외선이 나온다던데?

A : 형광등에서 나오는 자외선은 피부를 손상시키기에는 아주 약한 정도예요. 그러니까 밤까지 바를 필요는 없어요.

Q : 자외선 차단제를 바르면 얼굴이 끈적이는데 기름종이나 티슈로 눌러줘도 되나요?

A : 그렇게 하면 자외선 차단 성분도 함께 닦여나가요. 자외선 차단제를 바른 다음 30분 정도는 흡수될 시간을 주고, 그래도 번들거리면 자외선 차단 성분이 들어간 투명 팩트로 가볍게 눌러주세요.

자외선 차단제 주의사항

▶ **SPF 50인 자외선 차단제를 발랐으니 하루 종일 자외선이 차단되겠죠?**

'SPF'가 자외선을 차단해주는 '시간'을 나타내는 것이 아니라는 건 앞서 얘기했죠? SPF 50인 제품을 사용한다고 12시간 동안 자외선이 차단되는 건 결코 아니에요. SPF 15와 SPF 50은 숫자상으론 3배 이상 차이가 나지만, 정작 차단 지수 차이는 6% 정도예요. SPF 50인 제품을 발랐다고 하루 종일 자외선 차단이 될 것이라 방심하는 것은 무척 어리석은 일이죠.

▶ **전 BB크림이나 CC크림을 자외선 차단제 대신 사용해요.**

앞에서 자외선 차단제의 적정량에 대해 공부했죠? 여러분이 생각한 것보다 훨씬 많이 발라야한다는 사실도 알 수 있었어요. 그런데 과연 BB크림과 CC크림을 얼굴에 대추만큼 바를 수 있겠어요? 자외선 차단제는 따로 충분한 양을 발라주는 것이 좋아요.

▶ **SPF 50짜리 제품을 적정량의 반만 바르면 SPF 25의 효과가 나나요?**

그렇게 간단한 문제가 아니예요. 적정량의 반을 바를 경우 효과는 1/2이 아니라 1/3, 1/4도 될 수 있죠. 자외선 차단제는 SPF 지수가 높을수록 사용감이 더 무거워요. 많은 양을 매일 매일 사용해야 하니까 SPF 지수가 좀 떨어지더라도 여러분 자신에게 잘 맞는 제품을 고르는 것이 더 중요해요.

나훈녀 • 자, 여러분이 내일부터 잊지 말고 발라야 할 화장품이 뭐라구요?

학생들 • 자외선 차단제요!

나훈녀 • 제가 아주 세뇌 수준으로 강조를 했군요. 그렇지만 자외선 차단제는 그럴 만한 가치가 있습니다. 꼬박꼬박 바르는 걸 절대! 잊지 마세요. 그럼 다음 수업으로 넘어갈까요? 이번에는 베이스 메이크업, 즉 피부 화장에 대해서 배울 거예요. 여러분, 여기 있는 김화떡 학생의 화장 지우기 전 모습을 기억하나요?

학생들 • 네!

나훈녀 • 어땠나요?

학생들 • ······.

나훈녀 • 네, 뭐라고 정의 내리기가 난감한 그런 화장이었죠? 선생님도 그런 화장은 실로 오랜만에 본지라, 조금 설레기까지 했답니다.

김화떡 • 헐. 제 피부 화장이 왜요! 여드름도 다 가렸고, 얼굴도 뽀얗게 표현했거든요?

나훈녀 • 화떡 학생의 피부 화장에는 결정적인 것이 빠졌어요.

김화떡 • 그, 그게 뭔데요!

나훈녀 • 자연스러움이요. 피부 화장의 진짜 고수들은 마치 자기 피부가 원래 그렇게 좋은 것처럼 표현을 하죠. 하지만 화떡 학생의 피부 화장은 '아, 화장을 두껍게 해서 뽀얗구나'라는 느낌밖에 들지 않았어요.

김화떡 • ······.

나훈녀 • 주눅들 거 없어요. 제가 이제 피부 화장의 고수가 되는 방법을 가르쳐줄테니까요!

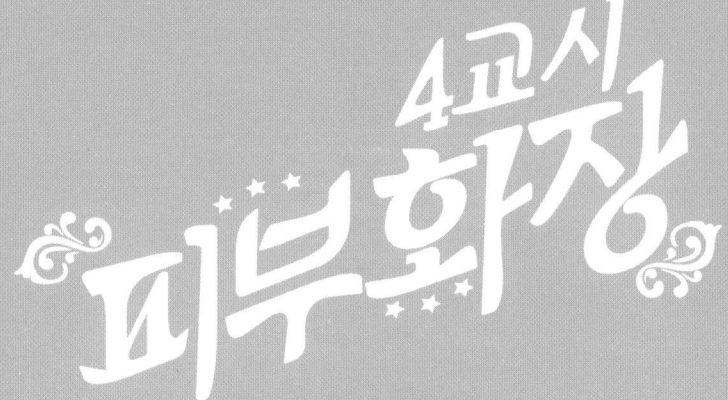

화장?
너희는
안 해도···
예뻐!

　네~ 네~ 알아요. 메이크업에 호기심을 가지기 시작하는 여러분에게 어른들이 하는 고리타분한 말이죠. 하지만 지겹다고 귀를 막기 전에, 왜 어른들이 이 말을 하는지 곰곰이 생각해보아요. 어른이라고 모두 메이크업을 즐기는 건 아니에요. 성인 여성에게 메이크업은 사회생활을 위한 예의로 여겨지기도 하죠. 그래서 귀찮은데도 억지로 해야 하는 경우도 많아요. 또 한 가지, 성인이 메이크업을 하는 가장 큰 이유는 10~20대 초반의 모습을 다시 재현하기 위해서예요. 여러분이 20대 중반이 되면 피부가 서서히 변할 거예요. 잡티가 생기고 윤기가 없어지며 얼굴에선 볼륨이 사라져 처지기 시작하죠. 어른들은 이런 변화를 커버해 10~20대 초반의 피부처럼 보이게 하기 위해 화장을 하는 거예요. 그런데 여러분이 20~30대의 메이크업을 따라하려고 한다니 아이러니하지 않아요? 10대만이 가질 수 있는 투명하고 빛나는 피부를 탁한 파운데이션이나 BB크림으로 가리면서 말이죠.

　제가 중·고등학교에 다니던 시절에도 메이크업을 하던 학생들은 있었어요. 그때는 지금보다 훨씬 엄격했기 때문에 화장을 하는 친구는 날라리라고 학생들 사이에서도 찍히던 시절이었죠. 지금 같으면 '설마' 하겠지만 사실이랍니다. 그 당시 학생들은 '김혜수 아이브로'라는 걸 따라하곤 했어요. 갈매기 모양의 눈썹 한 줄만 남기고 나머지 눈썹은 다 밀어버리는 눈썹이었는데, 그 눈썹을 한 친구들은 나이가 10살은 더 들어보였어요. 그때 전 생각했죠. '왜 저렇게 어울리지 않는 화장을 하는 거지? 정말로 저게 예쁘다고 생각하는 거야? 이왕 혼날 거 각오하고 메이크업을 한다면 좀 더 예쁘고 자기에게 잘 어울리게 할 수 있잖아?'

전 화장이 어른들만의 것이라고는 생각 안 해요. 제대로 한 <u>메이크 UP</u>이라면 나이와 상관없이 예뻐 보일 수 있어요. 하지만 <u>메이크 DOWN</u>은 안 하느니만 못 한 결과를 주죠. 무턱대고 어른들의 화장을 따라하는 것이야말로 '메이크 DOWN'의 지름길이에요. 여러분은 메이크 UP을 하고 싶으세요? 아니면 메이크 DOWN을 하고 싶으세요?

Q : 어려서부터 메이크업을 하면 피부가 정말 상하나요?

A : 나이가 몇 살이든지, 메이크업을 하면 피부가 상한답니다.

여러분이 메이크업 하는 것을 막기 위해 어른들이 흔히 하는 말 중 하나, "그러다 피부 상한다"죠? 어른들 말씀이 맞아요. 피부 상하죠. 하지만 메이크업을 어려서부터 하나 어른이 되어서 하나 피부가 상하는 건 똑같아요. 오히려 어린 피부가 더 재생이 잘되어서 손상을 입어도 회복력이 더 빨라요. 하지만 '손상'의 형태가 조금 달라요. 10대 때는 피지가 폭풍 분출되는 시기예요. 피지가 제대로 분출되지 않고 방해를 받으면 피부 트러블이 일어나기 쉽죠. 10~20대 초반이 메이크업을 처음 시작할 때 제일 많이 나타나는 피부 트러블은 여드름이에요. 유분과 파우더 성분(돌가루)이 모공을 꼭꼭 막은 결과구요. 게다가 여러분 나이 때는 다양한 클렌저로 화장을 제대로 지우는 방법도 잘 알지 못해서 막힌 모공이 여드름으로 이어지죠.

여러분이 메이크업을 할 때에는 피부 화장을 아주 가볍게 해야 해요. 사실 성인들처럼 기미가 있는 것도 아니고 가릴 잡티도 별로 없는 경우가 대부분이거든요. 그런데도 두꺼운 제품을 사용하면 피부 트러블이 나기 쉽죠. 또 그 트러블을 가리려고 더 두꺼운 메이크업을 한다면? 악순환이 반복될 뿐이죠! 주근깨가 있는 친구들도 마찬가지예요. 주근깨는 그대로 비쳐 보이는 게 더 자연스럽고 예뻐요. 그러니 여러분은 피부 화장을 아주 얇게 해야 한다는 사실, 잊지 마세요.

피부 화장할 때 주의해야 할 사항!

★ 성인 화장품 사용하기

비싼 화장품을 사용하는 것이 좋은 메이크업일까요? 어른들을 타깃으로 하는 브랜드 제품을 사용하면 화장이 너무 두꺼워져요. 덩달아 나이도 들어 보이구요. 똑같은 BB크림이라도 성인 브랜드의 BB크림은 탁한 회색빛에 유분이 많아 시간이 지나면 칙칙해져요. 10~20대용 BB크림이 색상도 훨씬 밝고 피부 표현도 깨끗하죠.

★ 결점 커버에 공들이기

결점을 가리기에 급급한 성인 메이크업을 따라하지 마세요. 잡티? 주근깨? 이런 결점들은 살짝 드러나는 것이 오히려 자연스러워요. 자신의 장점을 찾아 더욱 빛나고 돋보이게 하는 것에 초점을 두는 것이 가장 예쁩니다!

★ 화장한 티내기

나름 열심히 메이크업을 했는데 화장한 티가 안 나 속상하다고요? 바로 지금 한 그 화장이 성공한 메이크업이에요. 어른들이 화장으로 쌩얼같은 피부를 표현하기 위해 얼마나 애를 쓰는데요.

★ 잡지나 케이블 채널에서 본 메이크업 따라 하기

대부분 성인들을 위한 메이크업 팁이에요. 그리고 BEFORE와 AFTER의 차이를 두기 위해 부담스러울 정도로 너무 과한 메이크업을 하죠. BEFORE가 더 예쁘다고 생각하는 건 저 뿐인가요?

★ 걸그룹 메이크업(무대 분장) 따라 하기

예쁘고 귀여운 걸그룹처럼 화장하고 싶은가요? 그렇다면 무대 위 걸그룹이 아닌, 화장품 광고에 출연하는 자연스러운 모습의 걸그룹을 목표로 삼으세요. 화장을 지우면 못 알아보는 얼굴이 되고 싶은가요?

메이크업 베이스의 종류

검색 키워드 : 모공 프라이머, 하이라이터, 루미나이저

일단 "파운데이션·BB크림을 바르기 전에 꼭 베이스를 발라야 하나요?"라는 질문
에는 "NO!"라고 대답할게요. 10대는 물론 성인들 역시 BB크림이나 가벼운 파운데
이션 하나로도 충분한 베이스 메이크업이 이루어집니다. 하지만 나이가 들어가면서
화장이 잘 안 먹는다면? 그럴 때 가장 효과적인 것이 베이스 제품인 것이죠.

여러분에겐 베이스가 크게 필요하지도 않고, 화장을 한 겹 더 함으로써 트러블의
가능성이 더 높아질 수도 있어요. 하지만 여러분 중에서도 BB크림이나 파운데이
션 하나만으로 부족한 친구들이 있겠죠? 그런 친구들을 위해 어떤 제품이 어떤
기능을 가지고 있는지 알아보도록 하죠.

메이크업 베이스는 사용 목적에 따라 크게 3가지로 나뉩니다.

▶ **피부톤 보정 ☞ 메이크업 베이스**

피부색을 보정해주는 제품입니다. 제품에 색이 들어가 있는데 연두색, 파랑색, 핑
크색 등이 대표적이죠. 10대들에게 가장 필요 없는 제품이기도 합니다만 꼭 구매
를 하고 싶다면 명심해야 할 점이 있어요. 바로 파랑색은 절대 선택하지 말라는
점! 파랑색은 붉은 피부를 보정시켜주는 컬러에요. 바르면 잠시 동안 피부가 하얗
고 환해 보이는 효과가 있어서 구입하는 사람들이 많은데요. 시간이 갈수록 피부
색이 인위적이고 혈색이 없어 보여요. 아파 보인다는 얘기죠. "전 춘년병이 있어서
꼭 파랑색 메이크업 베이스를 쓰고 싶어요!" 하는 친구들이 있다면, 얼굴 전체에
사용하지 말고 붉은 기가 제일 심한 부분에만 살짝 발라주세요.

보라색도 노노! 보라색 메이크업 베이스는 노란 피부를 화사하게 해주는데요, 엄마들이 많이 찾는 색깔이에요. 하지만 자연스러운 화사함이 아닌 매우 인위적인 느낌이라는 거~

추천하는 메이크업 베이스 색깔은 노랑이에요. 하나 정도 가지고 있으면 BB크림이나 파운데이션 색상이 너무 어둡거나 붉을 때 섞어서 조절해 쓰기 편하거든요.

▶ 피부 결 보정 ☞ 프라이머

프라이머는 피부에 고르게 막을 만들어줍니다. 이 막이 피부 결을 매끄럽게 만들어주고 유·수분 밸런스를 맞춰주어 파운데이션이 피부에 착! 하고 밀착하도록 만들어주는 거죠. 피부가 건조해서 파운데이션이 잘 먹지 않거나 주름·모공 사이로 파운데이션이 끼는 것을 막아줘요. 프라이머는 30대 이후의 연령층이 사용해야 가장 큰 효과를 볼 수 있어요. 지금 여러분이 프라이머를 바른다면? "헐. 이게 뭥미? 바른 거랑 안 바른 거랑 무슨 차이임?"하는 느낌이 대부분일걸요.

♥ 모공 프라이머

10대 지성 피부에게 추천! 일반 프라이머보다 피부의 오돌토돌한 부분들을 좀 더 매끄럽게 만들어줘요. 모공 프라이머에 사용되는 성분 중에 하나가 실리콘인데, 실리콘 성분이 진할수록 피지를 흡수하는 효과도 커요. 그래서 피부가 뽀송뽀송하게 유지되죠. 모공이 넓고 번들거려서 화장이 쉽게 지워진다면 모공 컨실러나 모공 프라이머 같은 제품들을 추천해요. 다소 단단한 크림 형태로 되어 있어서 스펀지처럼 피지를 쏙쏙 흡수해 화장이 오래 가도록 도와줘요.

또 모공 프라이머는 반투명한 밤 타입이라서 바르면 피부가 한결 깨끗해 보여요. 그 위에 파운데이션을 발라도 얇게 발리구요. 모공 프라이머를 사용할 때는 심한 지성 피부가 아니라면 얼굴 전체에 사용하진 마세요. 피지 분비가 많은 T존, S존 등에 부분적으로 활용하기!

▶ **윤기 부여와 입체감** ☞ 리퀴드 하이라이터, 루미나이저

베이스에 반짝임을 강조한 것이 하이라이터나 루미나이저 같은 제품이에요. 단독으로도 쓸 수 있지만 파운데이션에 섞거나 파운데이션을 바른 후에 덧바를 수도 있죠. 하지만 너무 오버해서 바르면 오히려 '메이크 DOWN'이 되기 쉬운 위험한 물건!

화장품 모델을 하고 있는 연예인들을 보세요. 얼굴 전체가 반짝반짝 윤이 나서 피부가 더 좋아 보이죠? 여러분은 이런 피부를 상상하면서 하이라이터를 듬뿍 바르겠죠? 실제로는 개기름이 줄줄 흐르는 얼굴처럼 보이기 십상이에요. 모공도 훨~씬 확대되어 보이구요. 하이라이터는 절대 오버해서 사용하지 마세요!

하이라이터 선택 기준 하나! ☞ 컬러

블링블링한 은갈치색보다는 골드톤과 핑크톤이 자연스러워요. 약간 태닝이 된 피부라면 건강한 골드톤을, 밝은 피부라면 핑크톤을 선택해주세요.

하이라이터 선택 기준 둘! ☞ 제형

얼굴 여기저기에 펄이 넘쳐나는 사이버 메이크업은 10년도 전에 유행이 지났답니다. 요즘 대세는 은은~한 반짝임! 이런 자연스러운 반짝임은 리퀴드 타입 하이라이터를 사용할 때 가장 잘 표현된답니다. 리퀴트 하이라이터는 파운데

이션 브러시로 바르면 원래 내 피부처럼 예쁘게 발려요.

여기서 파운데이션 브러시로 은은한 반짝임을 연출하는 법을 알려드릴게요!

♥ 파운데이션 브러시로 탱글탱글한 볼 연출하기!

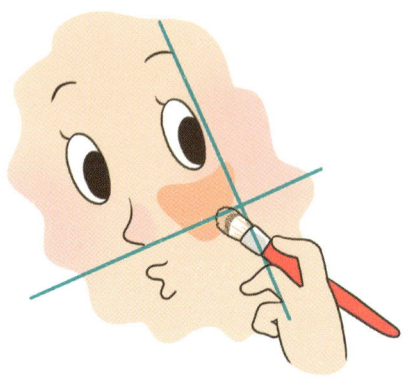

코끝에서 수평으로, 눈꼬리에서 수직으로 내려오는 사이의 역삼각형 부분을 중심으로 넣어줍니다. 손등에 하이라이터를 덜은 후 브러시 끝 1/3로 살짝 발라줍니다. 손등에서 한두 번 문질러 브러시 속으로 하이라이터가 잘 흡수되게 한 후 좌우로 가볍게 발라주세요.

하이라이터를 사용한 후에 가루 파우더를 이용해 메이크업을 마무리하면 쉬머 효과가 급 사라지므로 파우더는 큰 파우더 브러시를 이용해서 거의 스치 듯 말 듯 사용해줍니다.

Tip

하이라이터 + 하이라이터?

리퀴드 하이라이터를 바른 후 그 위에 또 파우더 하이라이터를 바르면 얼굴이 사이보그처럼 돼요. 하이라이터를 사용할 때는 리퀴드와 파우더, 둘 중 한 가지만 선택하세요.

N.G

파운데이션과 BB크림, 어떤 걸 선택할까?

　파운데이션과 BB크림, 둘 다 피부 화장에 쓰이는 제품이죠. 여러분은 둘 중에 어떤 걸 쓰고 있나요? BB크림을 쓰고 있는 친구들은 혹시 이런 생각을 하고 있지 않나요? 'BB크림은 피부과 시술을 받은 사람들이 쓰니까 파운데이션보다는 피부에 좋을 거야'라는 생각. 하지만 이건 어디까지나 피부과 치료용으로 사용됐던 '오리지널' BB크림에만 해당되는 얘기! 지금 여러분이 쓰고 있는 BB크림의 99%는 크림 타입 파운데이션이라고 말할 수 있어요.

　그렇다면 파운데이션과 BB크림의 가장 큰 차이점은 뭘까요?

　바로 '종류'의 차이라고 할 수 있어요. 옷으로 치면 BB크림은 프리사이즈고 파운데이션은 55, 66, 77 등 사이즈별로 나오는 것과 같다고 보면 됩니다. 제품만 봐도 BB크림은 크림 타입 한 가지로 나오는 데에 비해 파운데이션은 워터, 리퀴드, 크림, 무스, 스프레이, 크림 투 파우더, 압축 파우더(팩트), 가루 파우더(미네랄 파운데이션)까지 매우 다양하죠. 색상도 마찬가지예요. BB크림은 색깔이 많지 않고, 파운데이션은 많으면 10가지 정도로 나오기도 해요. 질감도 마찬가지예요. 파운데이션은 아주 가볍고 투명한 것부터 분장 수준으로 두꺼운 것까지 다양해요. 그러므로 아침에 편하게 슥슥 발라서 피부 화장을 하고 싶다면 BB크림을, 좀 더 꼼꼼하게 원하는 피부를 정확히 표현하길 바란다면 파운데이션이 적합합니다. 에뛰드 하우스, 이니스프리 등 10~20대를 타깃으로 한 브랜드는 주로 BB크림이 강세고 어른들도 많이 사용하는 더 페이스샵, 라네즈 등의 브랜드에서 파운데이션이 많이 나오는 것도 이런 차이 때문이죠.

Q : BB크림과 CC크림은 어떤 차이가 있나요?

CC크림이 출시되고 꽤 인기를 끌었는데요. BB크림과 CC크림 중에 어떤 제품을 골라야 할지 고민이 돼요. 두 제품 사이에는 어떤 차이점이 있나요?

A : BB크림과 CC크림은 큰 차이가 없답니다.

CC크림이 출시되면서 한창 인기를 끌었죠? CC크림을 출시한 브랜드에서는 피부가 원래 좋은 것처럼 표현해주고, BB크림보다 피부에 부담도 적다고 홍보를 하고 있죠. 그러나 BB크림과 CC 크림은 큰 차이가 없어요. 신제품이 나오면서 이름과 가격만 업그레이드 시킨 거죠. 각 브랜드마다 컨셉과 'CC'의 뜻풀이도 달라요. 샤넬은 Complete Correction, 헤라는 Complete Care, 아모레 퍼시픽은 Color Control, 그 밖에도 Color Combo, Cushion Compact 등 다 제각각이죠.

몇몇 제품에서 보이는 공통점이 하나 있긴 해요. 바로 피부에 바르면 색상이 변한다는 점이죠. 흰색 크림이 얼굴에 바르면 베이지 컬러로 변하기도 하고, 보라색 메이크업 베이스가 베이지 색으로 변하기도 해요. 신기방기하겠지만 그 원리는 복잡하지 않아요. 보이지 않는 캡슐 안에 색소를 미리 넣어두고 피부에 바를 때 그 캡슐이 터지는 거죠. 일종의 트릭일 뿐이에요. 내 피부에 딱 맞는 컬러로 변하는 마법은 결코 일어나지 않아요. 하지만 BB크림과 CC크림 중 하나를 선택하라면 CC크림을 추천하고 싶어요. BB크림에는 칙칙한 컬러와 커버력이 두꺼운 제품이 복불복으

▶ 성인 피부 화장 vs. 10대 피부 화장

우리나라 사람들은 '화장을 한다'라고 하면 잡티 하나도 보이지 않는 깨~끗한 피부 화장을 해야 한다고 생각하는 것 같아요. 이런 생각은 어른이 될수록 더 심해지는 것 같구요. 이런 어른들의 화장을 여러분이 그대로 따라하는 것이 안타까워요.

자, 어른들이 베이스 메이크업을 왜 하는지부터 생각해봅시다. 나이가 들면 일단 얼굴에 혈색이 없어져서 피부가 칙칙하고 어두워져요. 피부색도 얼룩덜룩하게 변하죠. 이런 얼굴을 다시 어릴 때 피부처럼 표현하기 위해서! 프라이머니 하이라이터니 파운데이션, 컨실러를 총동원해 피부 화장을 하죠. 여러분 나이 때 피부처럼 만드는 것이 어른들이 피부 화장을 하는 이유랍니다.

그런데 어른들이 쓰는 화장품으로 여러분의 피부를 가린다는 것은 아이러니 아닌가요? 소소한 단점을 가리려고 하다가 빛나는 장점까지 덮어버리는 실수를 하게 되는 거죠. 여러분이 어른들을 타깃으로 나온 화장품을 쓸수록 실패 확률이 높은 것이 바로 이런 이유 때문이에요. BB크림으로 예를 들어볼게요. BB크림은 원래 피부과에서 박피 시술 후에 피부를 진정시키려고 사용하던 제품이었어요. 붉어진 피부를 가리기 위해 회색빛을 사용하였죠. 그래서 아직도 어른을 타깃으로 하는 브랜드의 BB크림은 색상이 탁한 경우가 많아요. 기름기도 많구요. 이 제품을 여러분이 바른다면? 오후가 되기도 전에 피지와 유분이 섞여서 얼굴에 먹

구름이 낀 것처럼 칙칙해 보일 거예요. 여러분을 타깃으로 한 브랜드의 BB크림은 훨씬 투명하고 화사하고 기름기도 적어요. 비싸고 고급스러워 보인다고 해서 어른들의 화장품을 쓰지 마세요. 여러분에게 정말 잘 맞는 화장품은 따로 있답니다!

다양한 종류의 파운데이션, 그 선택은?

파운데이션은 크게 3종류로 나뉘어요. 리퀴드, 리퀴드 팩트(멜팅 파운데이션, 쿠션 파운데이션), 파우더 팩트. 이 중에서 10대인 여러분이 사용하기 가장 좋은 것은 '파우더 〉리퀴드 〉리퀴드 팩트' 순이에요.

♥ 파우더 팩트 파운데이션

커버력이 다양합니다. 베이지 색깔이 선명할수록 두껍고 색깔이 없거나(화이트) 흐린 아이보리 색이 얇은 편이죠. 그렇다면? 선명한 베이지 색깔은 어른들이, 흐린 아이보리 색은 여러분이 쓰는 것이 좋겠죠? 여러분이 파우더 팩트를 쓸 때는 잡티를 다 가려주겠다! 하면서 바르는 것보다 붉고 얼룩덜룩한 피부톤을 보정하는 것에 목적을 두세요. 특히 중성 피부와 지성 피부인 친구들이 사용하면 보송보송하고 깨끗한 피부를 오래 유지해준답니다. 자외선 차단 성분이 들어간 제품이 많아서 자외선 차단제를 덧바르기 힘들 때에도 팩트로 톡톡 두드려주면 자외선 차단 효과를 오래 지속시킬 수 있어요.

다만 1년 내내 건조한 피부라면 주의! 파우더 팩트 타입은 겨울철 피부를 더욱 건조하게 할 수 있어요. 건조한 피부는 계절에 따라 제품을 바꿔주는 것이 좋아요.

♥ 리퀴드 파운데이션

리퀴드 파운데이션은 여러 가지 제형으로 나와서 선택의 폭이 넓어요. 촉촉한 타입은 잡티를 다 가려주진 못하지만 자연스러워요. 오일이 들어가지 않은 '오일프리' 타입은 다소 뻑뻑하지만 커버력이 높고 피부 화장이 오래 지속돼요.

자연스러운 피부 화장에는 리퀴드 타입이 가장 알맞아요. 스펀지로 얇게 발라주면 투명하게 표현되고, 손으로 토닥토닥 덧바르면 쉽게 잡티를 가릴 수도 있어요.

파운데이션 제품의 대부분이 피부에 자연스럽게 자리를 잡아요. 그러니까 지성 피부가 아니라면 그 위에 굳이 파우더를 덧바르지 않아도 돼요.

♥ 멜팅 파운데이션·쿠션 파운데이션

리퀴드의 촉촉함, 팩트의 간편함을 동시에 갖추어 요즘 가장 '핫'한 파운데이션 중에 하나죠? 그러나 리퀴드 타입에 비해 커버력이 높은 편이라 자연스러운 느낌은 떨어져요. 색상을 잘 골라서 사야 해요. 아니면 얼굴만 동동 떠다닐 수도 있거든요. 역시 자외선 차단 성분이 들어간 제품이 많습니다.

예전에는 '파운데이션'으로 나오던 제품들도 이제 판매를 위해 BB크림이나 CC크림이란 이름을 달고 나오기도 해요. 그렇기 때문에 '10대들의 피부에 파운데이션은 독하다, BB크림이 더 좋다'는 논쟁은 무의미하죠. 오히려 지성 피부는 BB크림이 모공을 막을 가능성이 더 높아요. 크림은 유분이 더 많으니까요. 지성 피부엔 얇고 투명한 리퀴드 파운데이션이 더 알맞은 선택이 될 수 있죠. 다양한 제품을 테스트 해보고 자신에게 가장 잘 맞는 제품을 고르도록 하세요.

▶ 나는 13호병? 쿨톤병?

피부 화장에 있어서 가장 중요한 것은 '화장품의 색상이 내 피부톤과 얼마나 일치하는가'입니다. 제일 큰 실수가 피부 화장으로 자기 피부색을 바꾸려고 하는 거죠. TV매체의 뷰티 프로그램을 보면 연예인 전속 메이크업 아티스트가 나와서 "내 피부보다 한 톤 밝은 색을 선택해서 화사하게~"라는 식의 메이크업 레슨을 하는 걸 심심찮게 볼 수 있는데요. 그건 메이크업 아티스트가 내 옆에 딱 달라붙어 10분마다 수정 메이크업을 해줄 때나 가능한 거예요. 오히려 내 피부색보다 어둡게 하면 실패 확률이 줄어들어요. 피부보다 밝게 화장을 하면 시간이 지나면서 내 원래 피부색이 메이크업을 통해 비쳐 보여서 얼굴이 아주 칙칙해 보이거든요.

13호병, 쿨톤병이라고 들어보셨어요? 한국 여성들이 자신의 피부를 실제보다 훨씬 더 밝고 창백하다고 착각하는 것을 지적하는 농담이죠. 홈쇼핑이건 뷰티 방송이건 백인들이나 사용할 법한 밝은 색 파운데이션을 바르고 핑크색 하이라이터를 칠하죠. 늘 그런 화장법을 보다 보니 내 얼굴에도 그렇게 밝은 색이 어울린다고 착각하게 되는 거예요. 하지만 냉정하게 자신의 피부 색깔을 파악하고 받아들이는 것이 중요해요.

그럼 내 피부에 가장 잘 맞는 색은 어떻게 찾을까요? 확인하는 방법은 간단해요. 턱 부분에 후보로 골라놓은 2~3가지의 색깔의 제품을 바른 후, 턱에서 사라지는 컬러를 선택하는 거죠. 즉 "내가 파운데이션을 발랐나?"라고 생각될 정도로 자연스러운 컬러가 가장 잘 맞는 거예요. 목과의 경계는 매우 중요해요. 내 목은 누르뎅뎅한데 얼굴만 동동 떠다닌다면? '나 화장 떡칠했어'라고 광고하고 다니는 거나 다름없어요. 이런 달걀귀신 같은 화장은 남자들이 가장 싫어하는 메이크업 중에 하나기도 하구요. 이 상태로 사진을 찍으면 피에로 분장을 한 것처럼 나오죠.

그럼 내 피부의 언더톤은 어떻게 확인할까요? 가장 간단한 방법을 알려드릴게요. 맨 얼굴에 핑크(쿨톤) 립스틱을 바르고 셀카 한 방, 오렌지(웜톤) 립스틱을 바르고 또 한 번 셀카 한 방을 찍어보세요. 그리고 어떤 컬러가 더 잘 어울리는지 확인해 보는 거죠.

그래도 잘 모르겠다구요? 좀 더 정확한 방법은 손목 피부를 통해 내비치는 혈관을 보고 확인하는 건데요. 파란 색종이와 초록 색종이를 준비하세요. 그리고 손목 뒤에 파란 색종이를 배경으로 깔고 혈관을 확인해보세요. 초록 색종이도 마찬가지예요. 초록 색종이가 배경이 되었을 때 혈관이 더 두드러진다면 쿨톤, 파랑 색종이가 배경이 되었을 때 손목 혈관이 더 두드러진다면 웜톤이에요.

그래도 웜톤인지 쿨톤이지 헷갈린다고요? 걱정하지 마세요. 사실 웜톤이냐 쿨톤이냐는 그다지 중요하지 않아요. 요즘 나오는 메이크업 제품들은 한쪽으로 치우치지 않게 웜톤과 쿨톤을 믹스한 색깔들이 대부분이거든요. 너무 쨍한 오렌지보다는 코랄 색깔을, 지나치게 여리여리한 핑크보다는 피치 색깔을 선택하면 어떤 피부라도 잘 어울려요.

계절이 바뀌면 피부 화장도 바뀌어야 한다!

▶ 오일 체인지

검색 키워드 : 세범, 매티파잉

여름철이 가까워지면 피지가 폭풍 분출되죠. 이런 여름에 겨울에 썼던 BB크림을 계속 사용하면 어떻게 될까요? 얼굴에서 광채가 나도록 도와주는 화장품도 마찬가지! 겨울에는 푸석한 피부를 윤기나 보이게 해주지만 여름철 개기름과는 좋은 궁합이 아니죠.

10대라면! 여름이라면! 지성 피부라면!

유행하는 윤광, 꿀광, 광채 등의 화장품보다 피지를 억제해주는 화장품에 관심을 가지세요. 별다른 화장품을 사용하지 않고 파우더 하나로 피부를 보송보송하게 표현하는 것만으로도 칙칙함은 사라지고 얼굴은 뽀샤시! 모공도 줄어들어 보이죠.

▶ 컬러 체인지

검색 키워드 : 브론저, 브론징 파우더

계절이 바뀌면 자외선의 양이 바뀌는 것처럼 피부톤도 바뀌어요. 겨울에 사용했던 파운데이션은 여름에 자연스럽게 탄 피부에는 너무 밝을 수도 있겠죠. 그래서 베이스 화장품은 2가지 정도의 색상을 가지고 있는 것이 좋아요. 겨울에 사용하던 제품을 그대로 쓰고 싶다면? 베이스 제품을 바른 후 얼굴 전체에 가볍게 브론저를 덧발라주세요. 훨씬 혈색 있고 건강한 피부톤으로 만들어준답니다.

매끈한 피부 표현을 위한 다섯 가지 요소

뿌~얗고 찰진 피부는 어떤 조건에서 탄생할까요? 누구나 모찌 피부를 만들 수 있는 다섯 가지 요소를 알아봅시다!

▶ 하나, 피부의 각질 상태

화장이 잘 먹기 위해선 각질 상태가 중요해요. 각질이 빈틈없이 채워진 보도블록처럼 평평하게 자리를 잡고 있으면 뿌얗 피부 표현이 가능하죠. 하지만! 각질이 깨진 보도블록처럼 울퉁불퉁하고 거칠거칠하게 튀어나왔다면 베이스 화장품이 피부에 밀착하지 못해서 화장이 둥둥 뜰 수밖에 없죠. 또 피부 타입과 상관없이 각질이 두꺼우면 피부 표면의 수분이 부족해져요. 이 상태는 '화장이 안 먹는다' 라는 결과를 낳게 되고요.

피부 화장을 하는 날 아침에는 스크럽이 들어간 클렌징폼으로 피부 각질을 꼼꼼히 제거해주세요. 만약 정말 각질 상태가 안 좋은 날 피부 화장을 하게 됐다면? 그럴 때는 실리콘 성분이 들어간 프라이머의 도움을 받는 것이 좋습니다. 성분표에서 디메치콘, 싸이클로메치콘, 싸이클로펜타실록산을 확인하세요! 프라이머의 얇은 실리콘 막이 각질 위를 덮고 매끈한 피부막을 만들어 화장품이 잘 밀착되도록 도와주거든요.

▶ 둘, 피부의 유·수분 밸런스

파운데이션이나 BB크림을 바르기 가장 좋은 때는 언제일까요? 바로 피부의 유분과 수분의 균형이 잘 잡혀있을 때에요. 기초화장을 한 후 손등을 얼굴에 살짝 눌러보세요. 손등에 피부가 쫀득하게 붙는다는 느낌이 드는 바로 그때가 밀착력이 가장 좋을 때에요. '미끈덩'이 아니라 '찰싹!' 하는 느낌으로요. 피부 화장 전에 마스크를 하는 것도 좋은데요. 건성 피부라면 시트 마스크를, 지성 피부라면 딥 클렌징 마스크를 한다면 효과적이죠.

▶ 셋, 타이밍

파운데이션이나 BB크림 한 가지만 쓴다면 상관없지만 하이라이터나 프라이머 등 베이스 제품을 함께 바른다면? 다음 제품을 바르는 타이밍이 중요해요. 시간을 주지 않고 바로 다른 제품을 바르면 흡수가 안 되어 피부 위에서 마구 뒤섞일 수 있어요. 하나를 바르고 충분히 흡수될 때까지 최소 5분 정도는 기다린 후 다음 단계로 넘어갑니다.

▶ 넷, 적절한 양

피부 화장에 사용되는 제품의 적정량은 생각보다 매우 적어요. 50원 동전 크기 정도면 얼굴 전체를 커버하기 충분하죠. 필요하면 덧바르면 되니까 절대 처음부터 많은 양을 바르지 마세요. 많이 바를수록 흡수가 더디고 뒤에 바른 제품과 뒤섞이거나 오히려 벗겨질 수도 있어요.

▶ 다섯, 두드리고 또 두드릴 것

피부 화장을 할 때는 한 번에 바르는 것보다 얇게 여러 번 나눠 바르는 것이 좋아요. 커버력은 높아지는데 두께는 얇아 보이죠. 청담동 메이크업 숍에서 메이크업을 받을 때에도 피부 화장에 제일 많은 시간을 투자해요. 스펀지로 지루해질 정도로 두드리고 또 두드리죠. 마치 내 피부처럼 보이면서도 잡티도 커버돼요.

베이스 메이크업을 도와주는 도구들

★ 진동 파운데이션

비추. 한마디로 필요 없습니다. 피부 화장에 가장 좋은 도구는 손!

『손 〉 스폰지 〉〉〉〉 브러시 〉〉〉〉〉〉〉〉〉 넘사벽 〉〉〉〉〉〉〉〉 진동 파운데이션』이라고 할 수 있죠. 일단 손은 따뜻한 온기로 화장품을 부드럽게 녹일 수 있어요. 이렇게 하면 피부에 잘 발리죠. BB크림이나 CC크림처럼 색소가 적고 얼룩이 거의 생기지 않는 제품이라면 손으로 바르는 것이 가장 좋아요. 그럼 진동 파운데이션은 어떤 사람에게 필요할까요? 바로 각질이 두껍고 수분이 부족해 화장이 뜨고 잘 먹지 않는 성인 피부를 위한 제품이죠. 하지만 어른인 저조차도 홈쇼핑 진동 파운데이션 광고를 볼 때마다 생각해요. '도대체 얼마나 게으르기에 두드리는 것도 자기 힘으로 못할까?'

아무리 밀착력이 좋아진다고 해도 손과 스펀지를 따라갈 순 없답니다.

★ 스펀지

커버력이 높은 파운데이션은 다소 두껍게 발리기 때문에 손만 사용하면 손자국이 생길 수 있어요. 여러 겹을 덧바르거나 2가지 이상의 색을 사용한다면 스펀지가 경계 자국을 없애는 데에 효과적이에요.

- 파운데이션을 바르기 전에 스펀지를 물에 살짝 적셔 꼭 짜서 사용해주세요. 두꺼운 파운데이션이 좀 더 가볍게 바뀌면서 건조한 피부에 윤기를 더해줘요.
- 지성 피부는 피부 화장을 끝낸 후 스펀지에 티슈를 감아 한 번 다시 두드려주세요. 메이크업 제품의 기름기를 티슈가 흡수해 번들거림을 훨씬 줄일 수 있습니다.
- 스펀지는 빠는 것보다 사용한 면을 깎아주는 게 더 위생적이에요.

★ 브러시

커버력을 조절하기 쉬워서 전문가들이 즐겨 사용하는 도구예요. 그러나 파운데이션 브러시를 쓰면 지나치게 커버력이 높아질 수 있다는 점을 주의해야 해요. 10대에겐 필요 없다고 볼 수 있죠. 파운데이션 브러시는 신부 화장 받을 때 경험하는 걸로 충분해요.

다크서클이나 주근깨가 있다면 컨실러 브러시에는 관심을 가져보세요. 커버하고 싶은 부분에만 정교하게 커버력을 높일 수 있거든요.

피부의 결점을 커버하라, 컨실러!

★★★

피부 화장의 첫 번째 룰! Less is More! 적게 바를수록 더 빛나는 피부로 표현할 수 있다는 걸 기억하세요. 답답하고 두꺼운 메이크업은 피부 결점을 광고하는 것과 마찬가지예요. 사실 여러분은 얼굴 전체에 BB크림, CC크림, 파운데이션 등을 바를 필요가 없어요. 결점이 있는 그 부분에만! 컨실러를 톡톡 발라준 후 파우더로 꼭꼭 눌러주는 것만으로도 깨끗한 피부로 표현할 수 있죠.

컨실러는 다양한 타입이 있는데 피부 결점에 따라 선택하면 좋아요.

♥ **뾰루지, 점, 여드름 자국** : 펜슬 타입, 유분이 적은 타입이 좋아요.

♥ **여드름** : 리퀴드, 오일프리 타입이 좋아요.

♥ **눈 밑** : 얼굴에서 제일 건조하고 움직임이 많은 부분이에요. 리퀴드처럼 촉촉한 타입이 좋죠. 유
　　　분이 적은 제품을 쓰면 시간이 지나면서 갈라질 수 있어요.

하지만 우리가 이 모든 타입의 컨실러를 가질 수는 없겠죠? 한 가지만 선택해야 한다면 '듀얼 팩트 타입'을 추천해요. 컬러, 밀착력, 커버력 모두 중간 이상은 간답니다.

> 듀얼 팩트 타입 컨실러란? 두 가지 색상이 들어간 크림 질감의 컨실러예요. 색깔을 섞어서 내 피부에 딱 맞는 색으로 만들어 낼 수 있겠죠?

컨실러로 다크서클 감추기

우선 컨실러 브러시에 컨실러를 톡톡 묻혀주세요. 그리고 눈 앞머리에서부터 컨실러 브러시를 이용해 3줄을 그려줍니다. 그 후에는 약지로 경계선을 살짝 문질러주세요. 컨실러를 바르지 않은 부분과 경계를 없애주는 거죠. 손가락으로 너무 두드리면 오히려 컨실러가 벗겨질 수 있어요. 컨실러를 바른 부분은 되도록 건드리지 않고, 경계선 부분만 살살 두드려주세요.

다크서클용 컨실러, 어떤 색을 골라야 할까?

다크서클 전용 컨실러를 반드시 구입할 필요는 없지만 "전 다크서클이 너무 심해서 얼굴까지 다크해 보여요!" 하는 친구들은 한 개쯤 가지고 있는 것도 괜찮아요. 다크서클용 컨실러를 살 때 너무 노란 색깔은 피하세요. 다크서클용 컨실러는 얼굴용 컨실러와 색상이 약간 달라서 살굿빛을 띠는 것이 더 자연스럽답니다.

사용할 때는 먼저 컨실러를 눈 밑 그늘에 바르고, 그 위에 파운데이션을 살짝 발라 자연스럽게 어우러지도록 해주는 것이 좋아요.

일반 컨실러라도 촉촉하고 부드러운 제품이라면 얼마든지 다크서클용으로 쓸 수 있답니다.

피부 화장, 여드름 피부도 할 수 있다!

검색 키워드 : 미네랄 파운데이션, 컨실러 브러시

여드름! 피부 화장으로 커버하고는 싶고, 그렇다고 너무 두껍게 화장을 하면 여드름이 악화되고…… 악순환의 연속이죠? 그런 친구들을 위해 여드름 피부에 화장하는 법을 알려드릴게요. 여드름 피부라면 유분기 많은 제품은 피하는 것이 좋다는 사실! 그럼 시작해볼까요?

STEP.1

▶ 진정

뾰루지의 붉은 기와 붓기를 먼저 빼야 해요. 메이크업을 하기 전, 충혈 완화 효과가 있는 물안약을 화장솜에 적셔서 5분 정도 붙여놓으면 붉은 기가 많이 빠져요. 약국에서 파는 눈에 넣는 충혈 완화 물약이면 모두 OK! 단 이건 여드름이 너무 붓고 붉어졌을 때, 응급 SOS일 때만 사용해주세요. 그리고 냉동실에 보관해두었던 티스푼을 꺼내 화장솜 위로 가볍게 마사지를 해줍니다. 이렇게 하면 붓기도 어느 정도 가라앉죠.

STEP.2

▶ 얼굴 전체에 가벼운 피부 화장

여드름 피부인 친구들이 쓸 베이스 제품으로 오일이 들어가지 않은 틴티드 모이스처라이저나 컬러 로션을 추천해요. 하지만 모든 브랜드에서 이런 제품이 나오진 않죠? 그럴 땐 오일이 들어가지 않은 로션에 리퀴드 파운데이션을 1 대 1 정도로 믹스해 피부에 얇게 발라줘요. 이렇게 일차적으로 피부톤을 정리해줍니다.

STEP.3

▶ 뾰루지 커버하기

이제 컨실러로 뾰루지가 난 부분을 커버할 차례입니다. 컨실러 브러시로 크림 타입 컨실러를 여드름이 난 자리에 톡톡 얹어주세요. 컨실러를 바른 부분만 너무 두꺼워지지 않도록 가장자리는 잘 펴줍니다. 너무 많이 두드리지 마세요. 두드리면서 컨실러가 벗겨지거든요. 펜슬 타입도 추천! 작은 곳을 커버하기 편하고 지속력도 길어요.

STEP 4

▶ 파우더로 세팅하기

보통은 'STEP 3' 단계까지 하면 완성이지만 얼굴 전체에 여드름이 너무 많이 나서 뾰루지만 커버하는 걸로는 부족하다! 싶으면 가루 타입 미네랄 파운데이션을 덧발라주세요. 미네랄 파운데이션은 모공을 막지 않으면서 피부의 붉은 기를 중화시켜주는 효과가 뛰어납니다. 참, 브러시는 언제나 청결하게 관리해야 해요!

볼에 꽃이 피다,
블러셔 메이크업

블러셔는 화장을 꽤 한다는 사람들도 여전히 어려워하는 메이크업 중 하나입니다. 어떤 컬러와 테크닉으로 블러셔 메이크업을 했느냐에 따라 성공한 메이크업과 유행에 뒤떨어진 촌스런 메이크업으로 명확하게 갈리거든요.

블러셔! 옛날과 지금, 어떻게 변했을까?

▶ 컬러 선택

예전에는 피부톤과 아주 다른 색깔로 블러셔를 넣어서 얼굴형을 교정하는 테크닉을 많이 사용했어요. 이 메이크업은 지금도 가끔 50~60대 아주머니들에게서 찾아볼 수 있는데요. 처녀 시절 유행하던 메이크업이 결혼 후 그대로 스톱! 되버린 거죠. 지금은 거의 피부색에 가까운 피치, 핑크, 살구 등의 색깔로 볼에 자연스럽게 혈색을 더하는 것으로 트렌드가 변했습니다.

▶ 위치·브러시 테크닉

광대뼈를 만져봤을 때 푹 들어가는 아래 부분 있죠? 예전엔 이 부분을 중심으로

블러셔를 넣었어요. 그래서 위치가 다소 아래쪽이었죠. 사선으로 내리꽂는 테크닉도 날카로운 인상을 주는 데 한몫했고요. 요즘은 살짝 미소를 지을 때 볼록 튀어나오는 광대뼈(애플존) 위를 중심으로 컬러를 넣어줘요. 애플존을 중심으로 볼에 혈색을 더해준다는 느낌으로 동글려주면서 관자놀이 쪽에서 사라지듯 터치해주세요.

얼굴형에 따른 블러셔 기본 위치

먼저 주의할 점! 블러셔로 얼굴형을 과도하게 보정하려는 시도는 하지 마세요. 실패할 확률이 높거든요. (얼굴 윤곽 수정에 효과적인 방법은 '성형 효과! 고수들의 메이크업 따라잡기'에서 알려드릴게요!) 그보다는 블러셔로 얼굴에서 느껴지는 '이미지'에 변화를 준다고 생각하세요.

우리나라 사람들은 대부분 평평한 얼굴을 가지고 있어요. 그래서 맨얼굴을 봤을 때 광대뼈의 위치를 확인하기가 어렵죠. 우선 블러셔를 하기 전 얼굴을 손으로 꼭꼭 눌러 자신의 광대뼈 위치를 잘 확인하세요. 블러셔가 들어가는 기본 위치는 얼굴형을 막론하고 눈동자 안쪽에서 수직으로 내려온 방향, 그리고 코끝이 끝나는 부분에서 가로로 이은 선 사이랍니다. 이 부분이 바로 광대뼈가 위치하는

곳이죠. 블러셔는 이 광대뼈의 가장 윗부분, 애플존이라고도 불리는 부분을 중심
으로 넣어줍니다. 계란형 얼굴이라면 애플존의 정중앙에 동그랗게 블러셔를 넣어
주세요. 이렇게 하면 귀여운 인상을 줄 수 있어요. 하지만 얼굴이 긴 사람이 동그
랗게 블러셔를 넣으면 나이가 들어 보일 수 있어요. 얼굴이 긴 친구들은 얼굴을
가로선으로 이등분하는 느낌으로 살짝 수평에 가깝게 넣어줍니다. 동그란 얼굴은
좋게 말하면 순해 보이지만 돌직구로 말하면 빠릿한 인상이 부족해요. 가장자리
를 살짝 도톰하게, 그러면서 가운데로 향할수록 샤프하게 마무리해주면 지적이고
똑똑한 이미지를 줄 수 있어요.

블러셔 컬러 선택법

블러셔 색상을 선택할 때 고려해야 할 요소는 크게 2가지가 있어요.

▶ **피부톤**

자신이 어떤 피부톤을 가지고 있는지 정확히 아는 것이 중요해요. 노란 끼가 강한 피부가 뽀샤시한 딸기 우유색 블러셔를 바른다면? 볼만 동동 떠 보이겠죠? 피부의 언더톤이 웜톤이라면 오렌지·살구·베이지·브라운 계열이, 쿨톤이라면 핑크·피치 계열이 자연스러워요. 그렇지만 이게 절대적이라고는 할 수 없어요. 요즘 블러셔 메이크업은 컬러를 강조하지 않고 투명하게 표현하는 것이 트렌드이기 때문에 어떤 색깔이든 가볍게만 터치해준다면 피부색과 블러셔가 따로 노는 느낌은 들지 않을 거예요.

▶ **의상, 메이크업(아이섀도, 립스틱)과의 조화**

피부톤보다 더 중요한 요소가 바로 전체적인 컬러 코디네이션이에요. 파란색 아이섀도와 핑크색 립스틱을 발라 여름에 어울리는 쿨톤 메이크업을 완성시켰다면, 거기에 오렌지 컬러 블러셔는 절대 NO NO죠. 베이지·브라운 아이섀도와 오렌지 립스틱의 가을 웜톤 메이크업에 딸기 우유색 블러셔 역시 에러! 적어도 입술 색깔과 블러셔는 톤을 통일해주는 것이 좋아요.

쨍~ 하고 선명한 원색 역시 촌스럽죠. 블러셔는 은은하고 부드러운 색깔이 가장 자연스러워요. 그렇기 때문에 메이크업 아티스트들은 절대 한 가지 색깔로만 블러셔를 바르지 않아요. 최소한 2~3가지 색깔을 브러시로 섞어서 피부에 바르죠. 로드숍 브랜드에서는 3,000~5,000원 사이로 저렴한 단색 블러셔 제품이 많이 나와요. 이들 중 여러분 피부색에 잘 맞고 맘에 드는 색깔을 골라 4~5개 정도 구입해 나만의 블러셔 팔레트를 만드는 것도 좋아요.

립 컬러와 블러셔 컬러의 깔맞춤은 금물!

입술 색깔과 블러셔 색깔의 '톤'은 맞추되 절대! 깔맞춤 하지 마세요. 정말 촌스럽거든요. 블러셔를 강조한다면 립글로스는 투명에 가깝게, 입술을 강조한다면 블러셔는 보일 듯 말 듯 스치듯이 해주세요.

블러셔 팔레트를 만드는 것이 부담된다면?
멀티 블러셔!

검색 키워드: 멀티 블러셔, 멀티 컬러 블러셔

블러셔 팔레트를 만드는 것이 부담된다면 멀티 블러셔를 구입하는 것도 한 방법이에요. 멀티 블러셔는 하이라이트와 핑크, 브라운, 오렌지 등 여러 가지 색깔로 구성되어 있죠. 이 중 2~3가지 색깔을 섞으면 한 제품으로 매우 다양한 색깔을 만들어낼 수 있어요. 거의 모든 톤의 피부, 의상과 매치할 수 있죠.

피부의 언더톤이나 의상에 맞춰 '핑크70 + 살구30' 혹은 '오렌지70 + 피치30'하는 식으로 섞어서 중성에 가까운 색깔로 만들어낼 수도 있어요. 이렇게 하면 웜톤 피부도 얼마든지 핑크를, 쿨톤 피부도 얼마든지 오렌지색 블러셔를 사용할 수 있죠.

여기에 하나 더! 하이라이트 컬러를 섞어 색의 농도·명도를 조절하면 밝은 피부에도, 어두운 피부에도 잘 맞는 컬러를 만들 수 있어요.

딸기 우윳빛 볼 만들기

10대와 20대 초반의 연령층에 가장 잘 어울리는 블러셔 테크닉이에요. 귀엽고 어려 보이는 인상을 주죠. 사실 이 블러셔 메이크업은 20대 중반만 되어도 소화해 내기 힘들어요. 그러므로 소화할 수 있을 때 열심히 해보도록 해요.

준비물
가부기 브러시, 블러셔

피부 화장은 촉촉하기보다 보송보송하게 표현해주세요. 핑크색은 밝은 바탕에서 제일 예쁘게 나타나요. 그러니까 하이라이터 파우더를 T존과 블러셔 존에 발라서 밝게 만들어주면 좋아요. 핑크빛이 은은하게 그러데이션 되는 것이 포인트!

원래 밝은 색 피부라면 딸기 우유 같은 파스텔 색깔이 예쁘게 어울려요. 하지만 피부색이 어두운 편이라면 딸기 우유 색깔에 살구색이 살짝 섞인 피치 컬러가 더 자연스럽답니다.

가부키 브러시로 블러셔를 바를 때는 주의할 점이 있어요. 브러시에 블러셔를 발라 바로 볼에 가져다대면 도장을 찍은 것처럼 진하게 칠해져요. 우선 브러시를 수직으로 세워서 블러셔를 콕콕 찍은 다음, 손등에서 굴려가면서 양을 덜어냅니다. 이렇게 한 다음에 입 꼬리를 올려 살짝 웃어보세요. 웃을 때 볼록 튀어나오는 광대뼈 부위가 애플존이라고 했죠? 이 애플존을 중심으로 동글동글 굴려가는 느낌으로 발라줍니다.

가부키 브러시가 없다면 파우더 브러시를 이용하세요. 이때는 털 부분에 가장 가깝게 브러시를 잡고 완전 눕혀서 동글동글 발라주면 됩니다.

블러셔 메이크업은 가운데는 진하고 가장자리는 사라지듯이 그러데이션 해주세요. 그러데이션에 자신이 없다구요? 그럼 가장자리로 동글동글 옮겨갈 때 투명파우더를 브러시에 조금씩 묻혀보세요. 쉽게 색이 흐려진답니다.

모든 얼굴형에 동글동글 테크닉이 어울리는 건 아니예요!

애플존에 동글동글하게 블러셔를 넣으면 귀엽고 어려 보이는 이미지를 만들 수 있다고 말했
죠? 하지만 얼굴이 동그란 친구들이 무작정 이 테크닉을 따라한다면? 얼굴이 더 넙데데하고
뚱뚱해 보일 수 있어요. 둥근 얼굴이라면 볼 가운데만 동그랗게 넣기보다, 살짝 관자놀이 쪽
으로 연결하면서 그러데이션 해주세요.

얼굴이 불타는 고구마처럼 됐어요!

블러셔 양 조절에 실패해서 볼이 불타는 고구마처럼 완전 새빨개졌어요. 클
렌징하고 다시 처음부터 메이크업 하기에는 시간이 부족해요! 어떻게 수정
하죠?

해결책은?

블러셔가 너무 진하고 밖으로 퍼지게 발렸다고요? 블러셔 메이크업 초보가 흔히 할 수 있는 실
수예요. 그렇다고 그 위를 파우더 퍼프로 눌러버리면 전체적으로 블러셔가 너무 퍼져서 지저분해
보일 수 있어요. 그럼 어떻게 하냐구요? 우선 통통한 베이스 아이섀도 브러시를 준비해요. 아이
섀도 브러시가 없다면 가지고 있는 브러시를 활용해도 좋아요. 이 브러시로 노란 끼가 있는 루스
파우더를 살짝 묻혀 블러셔를 바른 부분을 가볍게 쓸어주세요. 붉은 기가 많이 완화될 거예요.
그리고 동그랗게 블러셔를 그릴 때 주의할 점! 블러셔를 바르는 부위가 눈 밑 애교 살을 올라오
지 않도록 하는 것이 좋아요. 잘못하면 충혈 되어 보이거나 다크서클이 더 두드러질 수 있거든
요. 검은 눈동자 앞으로 나오지 않도록 하는 것이 좋구요. 둥근 블러셔를 넣을 때는 이 점을 명
심하세요.

얼굴 사용 설명서

하이라이터, 컨실러, 쉐이딩, 블러셔 등등 베이스 메이크업 제품을 잘 사용하기 위해서는 얼굴의 〈메이크업 존〉을 제대로 이해하는 것이 중요합니다. 메이크업을 열심히 했는데도 서툴거나 촌스럽게 보이는 이유는 뭘까요? 바로 사용해야 할 면적을 넘어가 넓게 퍼지는 바람에 평면적으로 보이거나 시선이 집중될 포인트를 놓치기 때문이지요.

♥ T존 : 하이라이터

♥ U존 : 쉐이딩·브론저

♥ 턱 : 하이라이터

♥ 블러셔 존 : 하이라이터, 블러셔(하이라이터는 블러셔 존의 좀 더 안쪽으로, 블러셔는 조금
　　　　　바깥쪽에 사용합니다.)

♥ 아이존 위 : 아이 프라이머

♥ 아이존 아래 : 다크서클 컨실러

♥ 콧방울 : 컨실러

피부화장까지 장장 4시간이 후다닥! 지나갔다. 떡칠 여중의 학생들은 잠시 쉬는 시간을 가지고 점심을 먹기로 했다.

학생A • 처음엔 뭔가 싫었는데, 꽤 재밌고 유용한데?!

학생B • 그러니까. 저 교장 선생님 밖에서 무슨 일 하다 온 사람일까? 근데 아까 교장이 화떡이 너한테 해준 피부 화장 장난 아니다! 원래 피부 좋은 것처럼 보여. 대박.

김화떡 • 그, 그래…? 하얀 것보다 이게 더 나아?

학생A • 야야, 훨씬 낫거든. 솔직히 너 그전에는 삶은 달걀 같았어.

김화떡 • 헐. 뭐래? 그 정도는 아니었거든?!

나훈녀 • 맞거든?!

김화떡 • 으악! 서, 선생님! 깜짝 놀랐잖아요!

나훈녀 • 이 정도로 뭘. 아까 내가 화떡 학생 화장을 보고 받은 충격은 정말 이루 말할 수가 없거든요?

김화떡 • 뭘 그렇게까지… 완전 오바셔.

나훈녀 • 그나저나 어때요? 화떡 학생에게 딱 맞는 화장을 하니까 기분도 덩달아 좋아지죠?

김화떡 • ……뭐, 그렇긴 한데요. 흠. 피, 피부 화장 했으니까 이제 눈썹이랑 아이라인 그리고 그러겠네요?

나훈녀 • 잘 아네요? 이번에도 화떡 학생이 했던 화장이랑은 180도 다른 화장을 해줄 거예요. 기대하세요. 아이라인이 두껍지 않아도 예쁠 수 있다는 걸 보여줄 테니.

김화떡 • 흐, 흥! 그, 그렇다고 딱히 교장 선생님을 위해 표본이 된 건 아니거든요? 집에 못 갈까 봐 하고 있는 거거든요?

나훈녀 • 알았어요, 알았어. 자, 어서 갑시다. 포인트 화장 스킬의 만렙을 찍어봐야죠!

5교시
포인트화장

인상을 결정짓는 눈썹

눈썹, 어떻게 다듬을까?

눈썹은 얼굴 인상을 결정짓는 가장 중요한 포인트입니다! 눈썹을 어떻게 정리하느냐에 따라 나이가 세 살 정도 들어 보일 수도, 어려 보일 수도 있죠. 청순함에서부터 섹시함까지, 메이크업의 분위기를 눈썹이 결정짓는다 해도 과언이 아니에요.

일단 명심할 점! 눈썹의 형태를 인위적으로 바꾸려고 하지 마세요. 메이크업 북을 보면 얼굴형에 따라 눈썹을 교정하는 내용을 쉽게 찾아볼 수 있죠? 하지만 타고난 눈썹이 내 얼굴형에 가장 잘 맞는 눈썹이에요. 이걸 어떻게 정돈하는가가 관건이죠!

▶ 아이브로 메이크업에 사용되는 제품들

♥ 투명 마스카라

눈썹 숱이 무성하고 자란 방향이 제각각인 경우 깔끔하게 방향을 맞춰 고정시켜주는 용도로 사용해요.

♥ 아이브로 마스카라

눈썹을 뽑지 않고, 자연스러움은 살리면서 컬러만을 더하고 싶을 때 사용하는 제품이에요.

♥ 에보니 펜슬

원래는 미술용으로 나온 연필이지만 흐린 회색빛이 눈썹 모양을 잡을 때 유용하기 때문에 아이브로펜슬로도 많이 사용해요. 단점은 연필이다 보니 색상이 한 가지라는 점이에요. 그렇기 때문에 에보니 펜슬로 모양을 잡은 후, 케이크 아이브로로 컬러를 넣는 식으로 쓰이기도 해요. 에보니 펜슬을 아이브로펜슬로 쓰려면? 연필처럼 돌려 깎지 말고 납작하게 깎아야 해요. 이렇게 깎은 다음 심의 일직선 끝을 이용해 하나씩 심듯이 눈썹을 그려줘요.

♥ 케이크 아이브로

대부분 2~3가지 색깔로 이루어져 있어요. 이 색깔을 섞어 사용하기 때문에 내 눈썹에 맞는 자연스러운 색을 찾을 수 있죠.

♥ 아이브로 브러시

아이브로 전용 브러시는 사선으로 커팅이 되어 있어요. 그래서 눈썹 끝을 살짝 빼주거나 눈썹을 심듯이 그리는 데 적합하죠.

♥ 아이브로펜슬

연필처럼 생긴 제품으로 가장 일반적인 아이브로 메이크업 도구예요. 하지만 색이 한 가지뿐이어서 눈썹을 그리면 부자연스러운 느낌을 줄 수 있어요. 강도가 무른 제품은 너무 진하게 그려지기도 하구요. 만약 아이브로펜슬을 선택한다면 되도록 심이 단단한 것을 고르고, 연필 타입보다는 납작한 심의 오토 아이브로펜슬을 선택하세요.

▶ 눈썹 모양 잡기

STEP 1

아이브로펜슬 등으로 가이드라인을 먼저 그려줍니다. 이 가이드라인에 따라 눈썹을 정리해줄 거예요. 가이드라인을 그릴 때는 화이트 색상의 아이라이너 펜슬로 그리면 눈에 잘 띄어서 한결 정리하기가 편해요.

STEP 2

머릿속으로 눈썹을 눈 앞머리 부분과 눈꼬리 부분, 이렇게 반으로 나눠주세요. 먼저 눈 앞머리 부분을 눈썹빗으로 빗어줍니다. 눈썹빗이 위쪽을 향하도록 빗어주세요. 그리고 가이드라인 밖으로 삐져나온 눈썹모를 눈썹 가위로 잘라줍니다.

STEP 3

이제 눈꼬리 부분 차례입니다. 전 단계와 마찬가지로 눈썹을 빗어주세요. 이때 주의할 점! 눈꼬리 부분을 빗을 때는 눈썹빗이 아래를 향하도록 해주세요. 그리고 마찬가지로 가이드라인 밖으로 나온 눈썹을 눈썹 가위로 잘라주면 됩니다.

눈썹 숱이 적은 경우라면? 눈썹 숱이 적으면 다듬는 걸 피하는 경우가 많아요. 하지만 숱이 적은데 눈썹이 길게 퍼져 있으면 더욱 흐릿해 보여요. 가이드라인을 그려서 길이만 조절해줘도 눈썹이 훨씬 집중되어 또렷해 보여요.

눈썹 숱이 너무 무성한 경우라면? 양 눈썹 사이를 솎아내듯, 족집게를 이용해 눈썹을 뽑아줍니다.

Q : 눈썹을 칼로 밀면 더 두껍게 나나요?

눈썹 아래 잔털을 눈썹 칼로 미는데요. 처음 하루 이틀만 깔끔하고 더 지저분하게 나는 거 같아요. 원래 눈썹을 밀면 더 굵은 털이 나나요?

A : 눈썹을 깎는다고 더 두껍게 나진 않아요!

머리 기장을 자른다고 더 굵은 머리카락이 나지 않는 것처럼 눈썹을 깎는다고 더 굵은 눈썹이 나진 않아요. 하지만 더 굵어 보이는 건 사실이죠. 이게 무슨 말이냐고요?
눈썹은 뿌리 부분이 가장 굵고 눈썹 끝이 뾰쪽합니다. 눈썹을 칼로 깎으면 중간 부분을 절단하게 되는 거죠. 그러면 눈썹은 이제 중간 부분이 끝이 되도록 자라겠죠? 그래서 눈썹이 더 굵어 보이는 거예요. 매일 매일 정리할 자신이 없다면 눈썹 가장자리에 난 잔털은 눈썹칼로 밀지 마세요. 눈썹은 자연스러움이 생명이예요. 만약 눈썹이 너무 무성하게 나서 꼭 눈썹칼을 써야 한다면, 사용할 때마다 알코올로 소독해주세요. 자주 밀게 되면 눈썹칼이 피부에 상처를 내면서 균이 들어가 눈썹 부분에 딱딱한 사마귀 같은 것이 생기기 쉬워요.

Q : 아이브로 케이크·펜슬의 컬러는?

아이브로 케이크나 펜슬을 구매할 때 어떤 색을 골라야 하나요? 제 눈썹 색깔과 똑같은 색을 고르면 될까요?

A : 실제 눈썹 색보다 1~1.5톤 정도 흐린 색이어야 합니다.

그래야 눈썹을 그려도 어느 정도 눈썹모가 보여 자연스럽기 때문이에요. 짙은 색깔로 눈썹모가 가려지면 너무 인위적으로 보여요.

눈썹 윗부분은 자르지 마세요!

눈썹산은 눈썹의 윗부분을 말하는데요, 이 부분에 잔털이 무성하게 나 있는 경우가 많아요. 하지만 이 부분의 눈썹은 아래로 향해 자라고 있다는 것! 눈썹산 부분을 눈썹칼로 자르면 눈썹의 본래 모양이 있는 부분까지 훌러덩 날아갈 수 있어요! 아예 손대지 말 것!

눈썹 그리기 기본 공식

누구에게나 잘 어울리는 눈썹을 만드는 기본 공식이에요. 10대인 여러분에게도 잘 맞고, 20대 이후 연령층에게는 어리고 귀여운 이미지를 만들어줘요. 얼굴이 길거나 역삼각형인 분들에게도 잘 어울리구요.

♥ 두께는 도톰해야 해요. 어른들의 눈썹은 끝으로 갈수록 얇아지는 형태가 많은데, 이 눈썹 모양은 뒤로 갈수록 도톰해지는 것이 특징이에요.

♥ 입 꼬리 – 눈꼬리 – 눈썹 끝이 서로 만나는 지점을 눈썹 길이로 삼아요. 어른들의 눈썹은 콧방울

　– 눈꼬리 – 눈썹 끝이 만나도록 그리는데, 이 공식보다 길이가 짧아져서 귀여운 느낌을 줘요.

♥ 눈썹의 아래 라인은 거의 직선에 가깝게, 혹은 직선에 가까운 아주 완만한 커브로 그려주세요.

♥ 눈 앞머리와 눈꼬리는 같은 선상에 위치할 수 있게 해주세요.

♥ 눈썹의 위 라인에 약간의 경사를 주고 눈꼬리에서 수직으로 이어지는 곳에 눈썹산을 둬요.

자, 눈썹 그리기 기본 공식을 살펴봤으니 이제 본격적으로 눈썹을 그려볼까요?

본격적인 눈썹 그리기

메이크업 초보들이 가장 어려워하는 것 중 하나가 바로 눈썹 그리기죠. 처음엔 어떻게 그려야 할지 감이 안 잡힐뿐더러 살살 그려도 어느 샌가 눈썹이 숯검정처럼 변해서 어색한 얼굴이 되죠. 자, 그럼 한 번 본격적으로 그려볼까요?

STEP.1

눈썹이 숯검정처럼 그려지는 이유는 뭘까요? 바로 눈 앞머리부터 그리기 때문이에요. 펜슬이건 케이크 타입이건, 눈썹을 그릴 때는 각이 진 눈썹산에서부터 시작하세요.

STEP.2

눈썹산에서부터 시작해 눈썹 모양을 잡습니다. 한 부분에 너무 공을 들이지 말고 전체적인 눈썹 모양을 봐가며 무조건 살살! 힘을 빼고 눈썹을 그리세요.

STEP.3

브러시로 눈썹을 그렸다면 마지막으로 가볍게 눈 앞머리를 그려주세요. 아이브로 펜슬로 눈썹을 그렸다면 이 단계는 생략해도 좋아요.

STEP.4

마지막엔 언제나 스크류 브러시를 이용해 색상을 잘 펴주세요. 한 곳에만 진하게 그려지거나 뭉친 부분이 없도록 정리해주는 단계입니다.

> 스크류 브러시란? 눈썹을 그린 후에 스크류 브러시로 눈썹을 살살 문질러주면 뭉친 부분을 자연스럽게 풀어줘요. 마스카라를 한 후에 엉킨 속눈썹을 풀어주는 용도도 있어요.

133

또렷한 눈을 위해,
아이라이너!

아이라인을 잘 그리려면?

아이라인은 '화장 좀 한다' 할지라도 잘 그리는 사람을 찾기 힘들어요. 풀 메이크업이 아니면 생략하는 경우도 많구요. 아이라인 때문에 다 된 메이크업을 한 끗 차이로 망치기 쉽기 때문이죠. 아이라인 초보자가 흔히 저지르는 실수가 뭔지 아세요? 바로 아이돌이나 연예인들의 무대용, 화보 촬영용 메이크업을 무작정 따라 한다는 점이에요.

눈 위에 뚜렷한 '라인'을 그리는 테크닉은 실생활에서는 많이 사용되지 않아요. 오히려 눈이 훨씬 작아 보이거나 엄청 촌스러워 보일 수 있기 때문이죠. 그러니 기본 아이라인을 많이 연습한 뒤에 자신에게 가장 잘 맞는 라인을 찾는 것이 좋겠죠!

그럼, 아이라인을 잘 그리기 위한 다섯 가지 요소를 알아볼까요?

▶ **나에게 잘 맞는 아이라이너 찾기**

♥ **펜슬 아이라이너, 케이크 아이라이너**

색깔이 다양해요. 펜슬 아이라이너와 케이크 아이라이너를 함께 사용하면 또렷함과 부드러움을 동시에 표현할 수 있어 가장 자연스럽죠. 가장 많이 사용되는 아이라이너이자 초보자에게 가장 추천하는 제품이기도 해요. 그러나 번짐이 심할 수 있다는 것이 단점이에요.

♥ 젤 펜슬라이너
젤 아이라이너의 선명함, 매끄러운 발림성에 펜슬 아이라이너의 편리함이 더해진 제품이에요.

♥ 젤 아이라이너
아이라인이 또렷하게 그려지면서도 자연스럽다는 장점이 있어요. 하지만 초보자가 사용하기엔 난이도가 높아서 연습이 필요하죠.

♥ 붓펜 아이라이너, 리퀴드 아이라이너
깔끔한 라인을 만들기에 좋아요. 빨리 말라서 번짐이 가장 적은 제품이죠. 동양인 특유의 외까풀에 가장 예쁜 라인을 만들어줘요. 하지만 단점이 많아요. 우선 자연스러움이 덜해서 아이라인 고수가 아니면 오히려 지저분하게 보일 수 있어요. 리퀴드 아이라이너는 정교한 테크닉이 생명이에요. 초보자에게는 라인 두께 조절이 어렵죠. 게다가 리퀴드 아이라인은 캐주얼한 차림과 전혀 어울리지 않아요. 메이크업의 전반적인 스타일과 옷의 매치도 매우 중요해요. 그런 의미에서 초보자에게 리퀴드 아이라이너는 가장 비추!

▶ 나에게 잘 맞는 색깔 선택

아이라이너의 기본 컬러라고 하면 무슨 색이 가장 먼저 떠오르세요? 아마 검정색일 거예요. 하지만 검정은 실제로 라인을 그려 보면 색이 너무 강해요. 인위적인 느낌을 주죠. 검정색보다는 어두운 카키색이나 갈색이 자연스러워요.

반짝이가 들어간 컬러 펜슬 아이라이너는 아이섀도의 기능을 대신하는 데다 원포인트 메이크업으로도 활용하기 좋아요.

▶ 좋은 브러시

아이라인을 잘 그리고 싶다면 비싼 제품보다 좋은 브러시에 투자하세요. 관리를 잘 하면 오래 쓸 수 있고 초보자도 전문가 못지않은 테크닉을 쉽게 익힐 수 있답니다.

▶ 연습, 또 연습!

아이라이너 고수들도 처음부터 자연스러운 라인을 그렸던 건 절대 아니예요. 그러니 실패했다고 좌절하지 말고 연습을 거듭하세요. 그러다 보면 한 번에 자연스러운 라인을 그릴 정도로 발전하게 될 거예요.

▶ 다른 메이크업과 밸런스 맞추기

아이라이너를 그릴 때 가장 중요한 사항이라고 볼 수 있어요. 아이라인을 그리는 순간 왠지 메이크업이 촌스러워 보인다면? 다른 메이크업과 밸런스가 맞지 않기 때문이죠!

ex) 볼륨 마스카라로 속눈썹을 풍성하게 표현했다면 아이라인은 얇고 심플하게!

아이라이너로 포인트를 줄수록 아이섀도는 단색으로 심플하게!

아이섀도를 2색 이상 사용했다면 아이라인은 심플하고 자연스럽게!

아이라이너 기본 테크닉

STEP 1

▶ **아이라인을 그리기 전 체크!**

아이라인을 그리기 전에 아이라이너를 확인해주세요.

펜슬 아이라이너는 사용할 때마다 깎아주는 것이 좋아요. 막 깎은 뾰족한 펜슬 아이라이너로 라인을 그리면 눈가에 자극이 될 수 있어요. 손등에 라인을 몇 번 그어서 끝을 둥글게 만든 다음에 사용하세요.

케이크 아이라이너를 쓰다 보면 기름 때문에 표면에 오일막이 생길 수 있어요. 사용하기 전에 티슈로 가볍게 훑어주세요.

아이라이너, 친구들과 돌려쓰지 마세요

친구들과 아이라이너와 마스카라를 돌려쓴다구요? 절대 그러지 마세요. 세균 감염으로 눈병 등에 걸릴 위험이 커요. 자기 화장품은 자기만 사용하기!

N.G

STEP 2

▶ **안정된 자세**

불안정한 자세로 아이라인을 그리면 삐뚤빼뚤해지기 쉬워요. 안정된 자세를 취해야 좀 더 수월하게 그릴 수 있죠. 자, 책상에 앉아 화장 거울을 눈높이보다 좀 더 아래에 둬요. 눈은 살짝 내리깐 상태로, 팔꿈치는 책상에 딱 고정해 팔이 흔들리지 않게 해줘요. 이 자세로 아이라인을 그려보세요. 좀 더 쉽게 라인을 그릴 수 있을 거예요.

STEP 3

▶ 아이라인 그리기

가장 대중적인 펜슬 아이라이너를 예로 들어볼게요. 한 번에 라인을 쭉 그리려고 하지 마세요! 속눈썹에 최대한 가까운, 속눈썹 사이사이의 빈 공간을 메꾸는 느낌으로 짧은 점선을 그려주세요. ----- 이런 식으로요. 아이라인의 길이도 눈을 벗어나지 않게 짧게 그려요. 눈꼬리를 그리고 싶을 땐 검지로 눈꼬리를 살짝 당겨주면 일직선으로 그리기 편해요. 처음부터 눈 앞머리에서 시작하지 말고 중간에서 끝을 그린 후, 다시 눈 앞머리에서 중간까지 연결하면 더 수월하게 그릴 수 있어요. 펜슬 아이라이너를 그리는 것에 익숙해졌다면, 젤이나 리퀴드 등 다른 아이라이너에도 도전해보세요!

STEP 4

▶ 라인 정리

초보자가 그린 라인이라면 분명 삐뚤빼뚤하고 선이 뚝 끊기거나 굵기도 제각각일 수 있어요. 이럴 때 면봉을 이용해 라인을 부드럽게 풀어주면 한결 자연스러워져요. 좀 더 제대로 마무리하고 싶다면 케이크 아이라이너나 진한 색상의 아이섀도를 라인 위에 가볍게 덧발라 자연스러운 그러데이션을 만들어줘요. 이러면 간단한 세미 스모키 화장이 완성되죠.

케이크 아이라이너로 좀 더 선명한 젤 아이라이너의 효과를 내고 싶을 때는? 우선 브러시에 토너를 살짝 적신 후 케이크 아이라인을 묻혀 라인을 그려주세요. 선명하고 깔끔한 라인을 그릴 수 있답니다.

Tip

STEP 5

▶ 완성

아이라인을 완성했다면 15초 동안 눈을 깜빡이지 말고 기다리세요! 아이라인이 번지는 것을 방지하기 위함이에요. 외까풀, 속 쌍꺼풀일수록 아이라인이 번지기 쉬워요. 눈을 뜨고 세팅이 될 때까지 잠시 기다려주세요.

눈 밑에는 아이라인을 그리지 말 것!

눈 밑 언더라인에도 아이라인을 그리면 좀 더 또렷해질 것 같죠? 하지만 언더라인을 자연스럽게 그리는 일은 아이라인을 성공적으로 그리는 것보다 훨씬 더 어려워요. 초보자에겐 난이도가 높죠. 언더라인을 그렸는데 자연스럽지 않다면? 갑자기 인위적인 얼굴로 변해버릴 수가 있어요.

N.G

아이라인이 너무 번져요!!!!

펜슬 아이라이너를 사용하는데요, 언제나 오후가 되기도 전에 눈가에 아이라인이 번져 있어요. 무심코 눈만 비벼도 손등에 새카맣게 묻어나고요. 가끔가다 잘 그려진 아이라인도 번짐 때문에 얼룩덜룩해지기 일쑤예요. 어떻게 해야 아이라인을 깔끔하게 유지할 수 있죠?

해결책은?

외꺼풀, 속 쌍꺼풀이거나 눈꺼풀에 피지 분비가 많다면 펜슬 아이라이너의 번짐은 피하기 어려워

요. 펜슬에 함유된 왁스가 눈꺼풀의 피지에 쉽게 녹거든요. 일단 방수 기능이 포함된 펜슬 아이라

이너를 고르는 것이 중요하구요. 아이라인을 그리기 전에 투명 파우더를 눈꺼풀에 한 겹 발라서

뽀송뽀송하게 만든 후 그리면 어느 정도는 번짐을 막을 수 있어요. 아이라인을 그린 후에도 케이

크 아이라이너나 아이섀도 같은 파우더로 한 번 더 덧발라주면 번짐을 최소화할 수 있답니다.

아이라인에도 계산이 필요하다!

▶ 가로와 세로의 황금 비율을 찾아라

우리는 왜 아이라인을 그리는 걸까요? 수많은 이유가 있겠지만 결국 눈을 크고
또렷해 보이게 하기 위해서죠. 이런 효과를 극대화하기 위해서는 나의 눈 모양에
가장 잘 어울리는 아이라인을 알아야 하겠죠? 그걸 알기 위해서는 눈의 가로와
세로 비율을 알아보는 것부터 시작해야 해요.

가장 이상적인 가로와 세로 비율은 검은 눈동자의 세로 길이가 가로 길이의 42%
일 때라고 해요. 눈의 가로 길이가 아무리 길더라도 세로가 짧다면 그저 졸린 눈
이 되어버리죠. 눈이 커 보이고 또렷한 인상을 주려면 가로와 세로의 비율이 잘
이루어지도록 아이라인을 그려야합니다. 예를 들어볼까요?

ex1) 가로가 짧고 세로가 긴 눈 : 동그랗고 작은 눈

세로가 길어 검은 눈동자가 충분히 보이지만 가로가 조금 짧은 눈을 가졌다면?
눈동자 중간 부분부터 끝부분까지 점점 굵게 아이라인을 그려주며 길이를 늘려

줘요. 눈동자 중앙에서부터 눈 앞머리까지는 점점 사라지듯이 얇게 그려주세요.

ex2) 가로로 길고 세로가 짧은 눈 : 길고 작은 눈

세로 길이가 짧은 눈은 눈꺼풀이 눈동자를 덮어 답답하고 졸려 보일 수 있어요. 또렷한 인상을 주기 위해서는 눈동자 한가운데 부분이 가장 두껍도록 아이라인을 그려주세요. 눈을 떴을 때 아이라인이 눈동자처럼 보여서 눈동자가 더 커 보인다는 느낌으로요. 눈 앞머리와 눈꼬리로 갈수록 점점 얇아져 사라지는 느낌으로 나머지 부분을 그려주세요. 이렇게 하면 가운데가 가장 두껍고 가장자리로 갈수록 점점 얇은 아이라인이 완성되겠죠?

아이라인은 너무 길지도, 두껍지도 않게!

아이라인을 그릴 때 명심해야 할 점이 뭔지 아세요? 바로 두께와 길이입니다.

쌍꺼풀이 있다면 아이라인을 그릴 때 쌍꺼풀 라인과 아이라인의 폭이 처음부터 끝까지 거의 같도록 맞춰주세요. 눈 앞머리는 라인이 얇은데 중간부터 갑자기 굵은 라인으로 변한다면? 눈 앞머리가 갑자기 꺾여서 눈이 찌그러져 보일 수 있어요.

눈 길이를 연장하려고 아이라인을 길게 빼는 것도 비추! 쌍꺼풀 라인보다 아이라인을 훨씬 길게 빼면 오히려 눈매가 처져 보이거든요. 아이라인의 길이 또한 쌍꺼풀 라인과 거의 일치하도록 맞춰주세요.

내 눈에 독! 컴싸아라!!

컴싸아라! 제가 처음 이 단어를 접했을 때의 충격이란…. 펜슬 아이라이너나 붓펜 아이라이너를 대신해 컴퓨터 사인펜으로 그린 아이라인을 컴싸아라라고 한다

지요? 예뻐지고 싶은 여러분의 마음은 200% 이해하지만, 컴싸아라는 눈 건강에 독이라고 할 수 있어요. 시중에 판매하고 있는 아이라이너는 피부와 눈에도 안전한 성분을 써요. 하지만 컴퓨터 사인펜은 어떨까요? 일단 지우기도 너무 어렵고, 눈이 시리는 현상을 겪은 친구들도 있을 거예요. 최악의 경우에는 접촉성 피부염이 생길 수도 있어요.

컴퓨터 사인펜이 눈과 피부에 안 좋을 거라는 건 여러분도 어느 정도 예상하고 있겠죠? 무엇보다도 '컴싸아라'는 예쁘지 않아요. 아이돌들의 아이라인을 잘 보세요. 가늘게 시작해서 도톰하게 이어지다가 다시 눈꼬리에서 살짝 빠지는 그 샤프함이 생명 아닌가요? 뭉뚝한 사인펜으로는 절대 만들 수 없는 라인이죠. 리퀴드 아이라인은 그야말로 '라인'에 포인트를 둔 메이크업인 만큼 테크닉이 생명이에요.

그러니 이제 예쁘지도 눈 건강에 좋지도 않은 컴싸아라는 제발 그만!

Q : 눈썹을 그리는 아이브로펜슬로 아이라인을 그려도 되나요?

아이브로펜슬과 아이라이너 펜슬의 차이가 뭔가요? 겉보기에는 그냥 똑같아 보이는데, 그냥 아이브로펜슬로 아이라인을 그리면 안 되나요?

A : 펜슬의 단단한 정도가 다르답니다.

'아이라이너 펜슬과 아이브로펜슬의 차이 = HB 연필과 4B 연필의 차이'라고 하면 이해가 쉬울까요? 일단 단단함에서 차이가 커요. 속눈썹 주위의 피부는 아주 얇고 약해요. 거기에 아이브로펜슬을 사용하면 잘 그려지지도 않을뿐더러, 그리면서 눈꺼풀이 밀릴 수가 있어요. 한마디로 자극적이란 거죠. 그래서 아이라이너 펜슬은 좀 더 유분감이 있도록 만든답니다.

펜슬의 단단한 정도는 '아이브로펜슬 〉방수 기능의 아이라이너 〉아이라이너 펜슬 〉젤 아이라이너 펜슬' 순이라고 볼 수 있어요. 아이브로펜슬이 가장 단단하다는 거죠. 단단해서 눈썹을 그리기엔 좋지만 눈가의 약한 피부에 그리기에는 자극적! 그러니 아이브로펜슬과 아이라인 펜슬은 꼭 구분해서 사용해주세요.

Q : 컬러렌즈, 서클렌즈 껴도 될까요?

제 주위에는 컬러렌즈나 서클렌즈를 안 낀 친구가 없을 정도인데요. 어떤 친구는 하루 종일 끼고 다니기도 해요. 이렇게 오래 껴도 눈에 이상이 없는 건가요?

A : 눈 건강을 생각한다면 끼지 않는 것이 좋아요.

안과에 찾아오는 환자의 대부분이 서클렌즈를 착용한 10대들이라는 사실, 아시나요? 눈은 지속적으로 산소와 수분을 필요로 해요. 시력이 나쁘지 않은데도 눈이 커 보이고 싶어서 컬러렌즈, 서클렌즈를 끼는 친구들 많죠? 하지만 렌즈를 끼게 되면 눈에 산소와 수분이 절대적으로 부족하게 돼요.

요즘 나오는 렌즈들은 산소가 잘 통과해 눈에 무리가 없어 연속 착용할 수 있다고 광고하죠? 하지만 광고와 현실은 엄연히 다르다는 게! 산소가 잘 통과하는 비싼 렌즈를 끼는 어른들도 눈 건강에는 섬세하게 신경을 써요. 그런데 여러분이 구입하는 서클렌즈, 컬러렌즈는 1만원 안팎의 저렴한 제품들이 대부분이에요. 당연히 눈에는 산소와 수분이 부족해지겠죠? 서클렌즈를 끼는 건 사진 찍을 때 한두 시간, 일주일에 한번 데이트 나갈 때 반나절 정도로 제한하세요. 3시간을 맥시멈으로! 절대 장시간 연속 착용은 안 돼요.

'일회용 렌즈를 꼈는데 생각보다 눈도 편한데?', '일회용 렌즈지만 아까우니까 내일도 껴야지~', '아차, 서클렌즈를 빼는 걸 잊고 깜빡 잠이 들었네!' 등등, 지금은 괜찮을지 몰라도 안구에 치명적인 손상을 줄 수 있어요. 여러분의 눈은 10대 때만 쓰는 것이 아니잖아요? 조심 또 조심해야 안구 건강을 지킬 수 있어요.

마지막으로 렌즈 돌려 끼기, 마스카라 빌려 쓰기, 아이라이너 함께 쓰기 등 눈 점막에 닿는 그 어떤 제품도 타인과 함께 쓰지 마세요. 우정과 눈의 건강을 맞바꾸지 마세요. 펜슬 아이라이너는 새로 깎아 쓰면 괜찮다고 해도, 마스카라는 친구가 쓴 브러시가 여러 번 마스카라액 속으로 들어갔다 나왔다 한 상태죠. 절대! 함께 쓰지 마세요. 마스카라는 화장품 매장에서 하는 테스트도 삼가는 것이 좋아요.

눈에 깊이를
더하는
아이섀도

아이섀도 기본 공식

요즘 메이크업 트렌드는 '투명 & 청순'이 대세죠. 화장을 안 한듯 하면서 할 건 다한, 가장 어려운 화장! 이런 트렌드에 복잡하고 강한 컬러의 아이섀도는 유행 과 뒤떨어진 느낌을 줄 수 있어요. 그러나 아이섀도를 넣는 포인트와 명칭을 정확 하게 알고 하이라이트와 컬러를 넣는 위치를 익히면 다양한 컬러를 사용하더라도 마치 한 가지 컬러를 펼쳐 바른 듯한 효과를 줄 수 있죠. 바로 진한 톤에서 흐린 톤으로 바뀌는 그러데이션 효과죠. 이것이 바로 메이크업 고수들이 즐겨 쓰는 방 법이랍니다. 그럼 먼저 아이 메이크업 ZONE을 볼까요?

▶ 아이 메이크업 ZONE 명칭

자, 그럼 '아이 메이크업 ZONE'을 참고로 아이섀도의 기본 공식을 알아봅시다!

1. 한 가지 색만을 이용하여 아이섀도를 하는 경우, 눈 을 떴을 때 컬러가 아이홀을 넘기지 않도록 합니다.

2. 두 가지 이상의 컬러를 사용하는 경우 포인트 컬

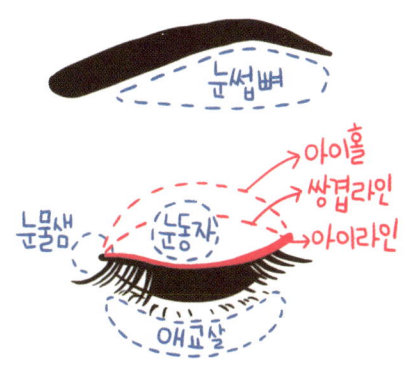

러는 쌍꺼풀 라인에서 0.5㎜ 정도로 올라온 선에서 사라지듯 그러데이션 합니다.

3. 베이스 컬러 〈 포인트 컬러 〈 아이라인 순으로 색감을 조절합니다.

눈썹 뼈에 밝은 펄 섀도 바르기

눈썹 뼈에 밝은 펄 섀도를 바르면 인상이 환해 보이고 더욱 입체적인 얼굴을 만들 수 있다고 하는데요. 어디까지나 전체적인 컬러가 연결되었을 때 해당하는 얘기예요. 컬러의 연결감 없이 생뚱맞게 눈뼈 부위에 밝은 펄을 넣는 스타일은 유행이 지났다고 보면 돼요. 차라리 그냥 생략하는 편이 좋겠죠?

아이 메이크업 컬러 코디

검색 키워드 : 그러데이션, 톤온톤(tone on tone)

그러데이션이란 두 가지 이상의 색상을 마치 한 컬러처럼 자연스럽게 연결하거나, 한 가지 색상을 어두운 톤, 중간 톤, 연한 톤으로 펼쳐 바르는 테크닉을 말해요. 아이 메이크업은 물론 네일아트, 헤어 투톤염색 등 다양하게 활용되죠.

아이섀도로 자연스럽게 그러데이션을 넣

기 위해서는 많은 연습이 필요해요. 잘못하면 컬러 사이에 경계선이 생겨 무지개떡처럼 보일 수 있거든요. 초보자들이 할 수 있는 가장 내추럴하면서 세련된 아이섀도 색상배합은 <u>톤온톤(TONE ON TONE)</u> 배색이에요. 톤온톤이란 동일한 컬러지만 톤이 다른 느낌을 배합하는 것을 말해요. 한 가지 색상에서 톤만 달라지는 것이기 때문에 능숙한 그러데이션 테크닉이 없더라도 포인트 컬러부터 하이라이트까지 자연스럽게 색이 연결된답니다. 위의 톤온톤 색상 예시 표를 보고 다양한 색깔을 연구해보세요. 그리고 자신에게 알맞은 컬러가 어떤 것인지 찾아보세요.

shopping guide

홋 나 얼마 물 지르시나?

안 보면 너만 손해

아이섀도 컬러 조합이 어렵다면? 3구 아이섀도!

예쁜 단색 아이섀도를 사 모으는 것도 뷰티 쇼핑의 즐거움 중에 하나죠. 그러나 이 즐거움도 여러 색상을 잘 조화시켜 예쁜 아이 메이크업을 완성시키는 것으로 연결되야겠죠? 한 개씩 구입한 아이섀도로 컬러 조합하는 것이 어렵다면 3가지 색깔이 세트로 구성된 3구 아이섀도를 구입하는 것을 추천해요.

톤온톤 조합의 색상에 하이라이트, 베이스, 포인트 컬러로 구성되어 있어 실패 확률이 거의 없는 거죠! 하이라이트와 베이스, 베이스와 포인트 경계에 각 색상을 섞어서 블렌딩 브러시로 덧발라주면 초간단 그러데이션 효과를 낼 수 있어요.

그러데이션 실전 연습

자, 그럼 실전으로 넘어가 본격적으로 그러데이션을 연습해볼까요? 사람마다 다양한 눈모양이 있겠지만 여기서는 크게 '쌍꺼풀'과 '외까풀'로 나누어서 살펴보기로 해요.

► 쌍꺼풀 눈

쌍꺼풀이 있는 눈은 기본적으로 입체감이 있죠. 또 쌍꺼풀이라는 가이드라인이 있기 때문에 큰 테크닉을 필요로 하지 않아요. 그래서 메이크업 초보라도 쉽게 아이 메이크업을 할 수 있죠. 쌍꺼풀에 단색만 넣어도 쉽고 예쁜 아이 메이크업이 완성되니까요. 그러데이션의 기본은 '밝은 컬러→ 중간 컬러(메인 컬러)→ 포인트 컬러' 순으로 겹쳐 바르는 것이에요. 여기서는 핑크~퍼플 그러데이션을 예로 들어 볼게요.

먼저 밝은 베이스 컬러를 발라요. 쌍꺼풀 위 아이홀 부분까지 넓게 발라주세요. 밝은 쉬머 핑크를 살살 펴바르는거죠. 그 다음은 쌍꺼풀 부위에요. 밝은 쉬머 핑크보다 진한 컬러의 핑크 색깔을 쌍꺼풀 부위에 발라줘요. 마지막은 보라색이에요. 보라색은 포인트 컬러! 속눈썹 제일 가까이에 얇게 살살 발라주세요.

이렇게 하면 간단하게 핑크색 그러데이션이 완성돼요! 네? 핑크색이 어울리지 않는 사람은 어떻게 하냐구요? 이건 어디까지나 톤온톤 컬러로 그러데이션 아이메이크업을 하는 예를 든 거예요. 여러분에게 어울리는 색을 찾아 그러데이션 테크닉으로 발라보세요. 훨씬 은은하고 그윽한 눈매를 만들 수 있어요.

참! 애교 살이 있다면 눈 아래 부분에 눈물 효과를 넣어도 좋아요. 쉬머 핑크에 화이트 쉬머를 살짝 더해주기만 하면 돼요. 애교 살이 없다면 오히려 역효과! 핑크 쉬머가 평평한 눈매를 더욱 두드러지게만 할 뿐이에요. 애교 살이 없는 친구라면 눈 밑 컬러는 과감히 생략하도록 해요.

아이섀도 기본 브러시 선택 요령!

아시나요? 메이크업 브러시의 대부분은 사용하는 사람 본인 눈에 그리는 것보다 타인의 눈에 그리기 더 좋게 개발되었다는 사실을! 브러시는 일반인보다 메이크업 아티스트들이 많이 사용하기 때문이죠.

눈에 사용하는 메이크업 브러시들을 보면 대부분 빳빳하고 납작한 모양이에요. 얼굴에 브러시를 최대한 눕혀서 그려야 하죠. 메이크업 초보가 자신의 얼굴에 직접 사용하기엔 다소 힘들어요. 팁을 드리자면, 눈꺼풀 부분에 전체적으로 색을 넣는 메인 브러시는 최대한 부드러운 것으로 고르세요. 메인 브러시의 사이즈는 눈의 크기에 따라 결정하는 것이 좋아요. 눈을 감았을 때 쌍꺼풀 라인과 아이홀 중간 정도에 걸쳐지는 사이즈가 베스트!

또 한 가지. 아이섀도를 바를 때 유용하게 쓰이는 것이 포인트 브러시에요. 포인트 브러시는 단단하고 힘 있는 것으로 쌍꺼풀 라인보다 작은 사이즈를 선택하세요. 포인트 브러시 하나로 포인트, 아이라인, 아이브로를 모두 그릴 수 있어요.

이 두 가지 브러시가 아이섀도 기본 브러시라고 할 수 있어요.

▶ 외까풀 눈

두 번째로 외까풀을 가진 친구들을 위한 그러데이션 방법이에요. 쌍꺼풀이 없고 눈두덩에 지방이 많으며 살짝 돌출된 눈을 가졌나요? 전형적인 동양인의 외까풀 눈이죠. 쌍꺼풀을 가진 친구들이 부럽다구요? 요즘 대세는 '외까풀'인 거 알죠?

쌍꺼풀보다 눈화장을 하기 어려울진 몰라도 잘 연습하면 훨씬 분위기 있고 그윽한 눈매를 만들 수 있답니다.

우선 머릿속에서 포인트를 넣을 가상의 쌍꺼풀 라인을 그려보는 것이 좋아요. 이 과정이 어렵게 느껴진다면 아이섀도 펜슬을 이용해보세요. 도톰한 크레용 모양의 아이섀도 펜슬심은 쌍꺼풀 라인의 두께랑 거의 일치하거든요.

이번에는 베이지골드~브라운 컬러로 그러데이션을 해볼 거예요. 누구에게나 잘 어울리는 무난한 컬러죠! 우선 베이지골드 컬러를 쌍꺼풀 라인 바로 위까지 발라줘요. 그리고 손가락을 이용해 좌우로 살살 문지르며 섞어주세요. 위쪽 아이홀 부분까지 문지르며 올라가주세요. 이렇게 하면 아이홀에 닿기 전에 컬러가 사라지는 것처럼 보여 눈에 입체감이 생겨요. 다음, 브라운 컬러의 섀도로 동공 바깥쪽에서부터 눈꼬리를 향해 아이라인처럼 포인트 컬러를 넣어요. 그리고 다시 베이지골드와 섞어주세요. 이때 눈동자 바깥쪽인 눈꼬리 쪽에 컬러를 좀 더 짙게 넣어주세요. 마지막으로 은색 펄 펜슬을 눈동자 바로 위쪽에만 살짝 칠해주세요. 그리고 다시 손가락으로 살살 문질러주면 입체감이 더욱 UP!

Q : 섀도를 바를 때 가루가 자꾸 떨어져요!

아이 메이크업을 할 때 섀도 가루가 자꾸 떨어져서 지저분하게 돼요. 깨끗하게 할 수 있는 방법이 있을까요?

A : 파우더를 활용하세요!

진한 아이섀도를 바를 때나 아이라인을 그릴 때 가루가 떨어져 눈 밑이 판다가 된 경험, 누구나 있죠? 짙은 아이 메이크업일수록 하는 도중에 가루가 떨어질 위험이 높아요. 어떻게 하면 판다가 되는 걸 방지할 수 있을까요? 답은 파우더! 루스 파우더(베이비파우더도 OK!)를 눈 밑에 충분히 발라주세요. 루스 파우더 위로 떨어진 가루를 마지막에 파우더 브러시를 이용해 슥슥 쓸어내면 깔끔해진답니다.

shopping guide

혹 나 없이 뭘 지르시겠다?

안 보면 너만 손해

메이크업 아티스트의 비밀 병기, 블렌딩 브러시!

그러데이션 메이크업에 재미를 붙였다면 블렌딩 브러시에도 관심을 가져보세요. 블렌딩 브러시는 그러데이션을 손쉽게 넣을 수 있는 도구예요. 컬러의 경계 부위를 좌우로 왔다 갔다 하면서 쓸어주면 자연스럽게 색이 섞인답니다. 예전엔 메이크업 아티스트 전문 브랜드에서만 나왔지만 요즘엔 로드숍 브랜드에서도 쉽게 발견할 수 있어요.

마스카라로
인형 같은 속눈썹에
도전!

다양한 마스카라의 종류

길고 풍부한 속눈썹은 모든 여자들의 로망이라고 할 수 있겠죠? 그런 우리의 속눈썹을 한층 풍성하게 만들어주는 것이 바로 마스카라! 이런 마스카라에도 다양한 종류가 있어요. 우선 마스카라의 종류와 특징을 파악하는 것부터 시작해야겠죠?

♥ 데피니션 마스카라

속눈썹을 한 올 한 올 깔끔하게 잘 분리시켜줍니다. 그만큼 자연스럽죠. 10대인 여러분에게 가장 추천하는 마스카라입니다.

♥ 컬링 마스카라

속눈썹을 하늘 끝까지! 아찔하게 컬링해주는 마스카라지요. 속눈썹이 언제나 처진 상태라면(저는 이런 속눈썹을 커튼 속눈썹이라고 부른답니다) 컬링 마스카라를 선택하세요.

♥ 섬유질 롱래시 마스카라

내추럴 본 짧은 속눈썹을 구제해줄 아이템! 섬유질이 들어 있어 속눈썹 연장 효과가 있어요. 하지만 속눈썹이 길어지는 대신 자연스러움은 다소 떨어집니다. 주의할 점! 롱래시 마스카라는 섬유질 때문에 속눈썹 끝이 파리 다리처럼 될 수 있어요. 그러니 마스카라 후에는 속눈썹을 잘 정돈해주세요.

♥ 볼륨 마스카라

속눈썹 숱이 적고 가늘어 사이사이의 빈 공간이 보인다면? 볼륨 마스카라를 선택하는 것이 답입니다. 떡지기 쉬워서 자연스러움은 가장 떨어지지만 드라마틱한 속눈썹을 만들어주는 마스카라기도 하죠.

♥ 필름형 마스카라

속눈썹이 짧거나 속 쌍꺼풀인 친구들은 마스카라가 판다처럼 번지기 일쑤죠? 필름형 마스카라는 그런 여러분을 위한 제품이에요. 방수 효과로 마스카라가 쉽게 번지지 않죠. 클렌저 없이 물만으로 제거된다는 것도 장점! 물로 지우면 마스카라가 돌돌 말리면서 떨어져요.

♥ 마스카라 베이스

섬유질을 함유한 흰색 마스카라에요. 속눈썹을 더 두껍고 길게 해주기 때문에 데피니션 마스카라를 사용하기 전 발라주면 롱래시, 볼륨 마스카라의 효과를 함께 볼 수 있죠. 그러나 속눈썹에 마스카라를 두 번 바르는 거나 마찬가지기 때문에 컬링력은 떨어져요. 속눈썹이 잘 처진다면 끝에만 톡톡 두드려주는 식으로 사용하세요.

마스카라는 2~3개월 마다 교체 해줘야 해요!

마스카라는 안구에 직접 닿기 때문에 세균이 번식하기 쉬운 화장품이에요. 게다가 매일 사용하지 않아도 개봉한 지 2~3달이 되면 마스카라액이 점점 굳기 시작하죠. 마스카라액이 굳으면 깔끔하게 발리지 않고 떡지기 쉬워요. 그러므로 2~3개월 후에는 새로운 것으로 교체하는 것이 위생상으로도, 미용상으로도 좋습니다.

본격적인 마스카라 하는 법

준비물
마스카라, 속눈썹 뷰러,
속눈썹빗

STEP 1

▶ 뷰러 하기

마스카라를 하는 사람이라면 뷰러도 친구로 만들어야 해요. 한 가지 명심할 점은 뷰러는 꼭 마스카라 '전'에 해야 한다는 것! 마스카라를 바르기 전에 속눈썹을 3단으로 살짝 집어줍니다. 뷰러하면서 제일 많이 하는 실수가 너무 힘을 줘서 속눈썹이 'ㄴ'자 모양이 되는 거예요. 속눈썹을 집을 때는 너무 힘을 주지 말 것!

1. 먼저 뷰러를 속눈썹 뿌리 부분에 대고 가볍게 한 번 집어주세요.

2. 속눈썹 중간에서 또 한 번 집어주세요.

3. 마지막으로 속눈썹 끝부분을 다시 한 번 뷰러로 집어주세요. 이렇게 3단계로 집어줄 때, 뷰러의 각
   도는 점점 올라가야 해요.

4. 컬링이 제대로 되지 않았다고 힘을 줘서 집는 것은 금물! 컬이 제대로 나오지 않았다면 1~3단계를
   다시 한 번 반복해주세요.

5. 속눈썹이 너무 짧아 3단으로 집기가 힘들다구요? 뷰러에 속눈썹을 대고 자근자근 씹듯이 짧게 짧
   게 눌러주면 된답니다. 이때도 역시 힘을 많이 주지 말 것!

▶ 마스카라 바르기

뷰러 단계를 끝냈으면 이제 본격적으로 속눈썹을 변신시켜줄 차례입니다! 우선 가지고 있는 마스카라가 어떤 종류인지를 살펴보세요. 마스카라마다 테크닉도 달라지거든요.

♥ 롱래시, 섬유질 마스카라

속눈썹 뿌리에서 위로 한 겹 가볍게 발라줍니다. 그리고 속눈썹 끝부분을 살짝 톡톡톡 두드리듯이, 속눈썹을 연장한다는 느낌으로 발라주세요.

♥ 볼륨 마스카라

볼륨 마스카라와 컬링 마스카라는 속눈썹 뿌리를 집중적으로 발라줘야 해요. 그렇기 때문에 밑에서부터 힘 있게 지그재그 형태로 올리며 마스카라를 발라줍니다. 뭉치기 쉬우므로 바른 후 속눈썹빗으로 한 번 빗어주세요.

♥ 컬링 마스카라

볼륨 마스카라와 마찬가지로 속눈썹 뿌리부터 지그재그 형태로 발라줘요. 컬링 마스카라는 속눈썹 윗부분까지 바르게 되면 무게로 속눈썹이 처지기 쉬워요. 그러니 아래에서 위로 향해 지그재그를 그리며 발라주면 된답니다.

뷰러를 해도 속눈썹이 처져요~!

열심히 뷰러를 해도 시간이 지나면 속눈썹이 다시 쳐지기 일쑤에요. 저도 위로 쭉 뻗은 예쁜 속눈썹을 가지고 싶어요! 어떻게 하면 좋죠?

해결책은?

일반 뷰러를 사용할 때 컬링이 잘 되지 않는다면 약간의 열을 이용해 속눈썹에 고데기를 한 것 같은 효과를 노리는 것도 한 방법이죠.

★ 속눈썹 컬링 고데기나 워밍 뷰러 사용하기

건전지를 넣어 작동해요. 전원을 키면 속눈썹에 닿는 부위가 따뜻해져요. 이 온기로 컬을 확실히 넣은 후, 속눈썹을 식힌 다음에 마스카라를 하세요.

★ 드라이기로 뷰러 따뜻하게 하기

드라이기와 뷰러의 간격을 30㎝정도로 한 후, 뷰러에 온풍을 쏘여주세요. 뷰러가 식을 때까지 충분히 시간을 둔 후에 사용하세요. 뷰러의 몸통은 대부분 금속이기 때문에 자칫하다간 눈에 화상을 입을 수도 있어요. 조심 또 조심!

★ 떡볶이 꼬치를 활용하기

떡볶이를 먹을 때 사용하는 기다란 이쑤시개 모양의 꼬치 있죠? 이 꼬치로도 속눈썹 고데기 효과를 낼 수 있답니다. 꼬치에 불을 붙여 잠시 태운 후 훅 불어 꺼주세요. 이렇게 하면 즉석 숯 스틱이 된답니다. 마스카라를 바른 후 이걸로 눈썹 뿌리에서부터 위로 컬을 하듯 살짝 들어올려 10초간 고정! 마스카라를 바른 후 처짐이 나타날 때에도 사용하면 좋은 방법이에요.

마스카라 후에 뷰러로 속눈썹 집기

마스카라를 한 속눈썹이 만족스럽지 않아 다시 뷰러를 한다? 절대 하지 마세요! 자칫하다간

속눈썹이 부러질 수 있습니다. 마스카라가 하기 귀찮아서 속눈썹 연장술을 반복적으로 받는

것도 절대 금물! 그나마 있는 속눈썹도 다 빠질 수 있어요.

훔치고 싶은
입술로 변신!

입술에 광택을? 컬러를?

립 메이크업에는 다양한 종류가 있는데, 원하는 룩에 따라 선택하는 것이 좋습니다.

▶ 윤기와 보습을 원한다면 ☞ 틴트 립밤, 립글로스!

청순 메이크업을 원츄! 한다면 투명감이 있는 틴트 립밤, 립글로스를 선택하세요. 같은 립글로스라도 봉 타입보다 튜브 타입이 더 투명감이 높습니다. 10대의 투명 메이크업에 가장 적합한 제품이죠. 단점은 지속력이 떨어진다는 거예요.

▶ 선명한 컬러를 원한다면 ☞ 틴트, 립스틱!

톡톡 튀는 생기발랄한 메이크업을 원한다면 선명함과 투명함을 동시에 갖춘 틴트가 최적이겠죠. 하지만 찰랑찰랑한 액상 틴트는 선명하게 발색이 되지만 입술이 건조해진다는 단점이 있어요. 틴트의 색감과 촉촉함을 동시에 원한다면 액상 틴트를 완전히 세팅시킨 후, 투명 립글로스를 덧발라주는 것이 좋습니다. 립스틱은 색소의 함량이 많아 다양한 컬러를 즐길 수 있죠. 실키, 매트, 글로시, 메탈릭, 크리미 등 제형 또한 다양하다는 장점이 있습니다. 10대를 타깃으로 하는 브랜드의 립스틱은 채도와 투명감이 높은 제품들이 많아요. 하지만 성인을 타깃으로 하는 브랜드로 갈수록 불투명에 가까운 커버력을 가지죠. 요즘 이런 립스틱은 풀메이크업을 하지 않는 이상 성인들도 잘 사용하지 않아요. 특히 성인 브랜드의 립스틱은 유행에 매우 민감해 컬러와 제형이 매년 바뀌는 경우가 많아요. 그래서 몇 번 사용하지도 못하고 서랍 속에 처박아두는 경우가 많죠. 성인 브랜드의 립스틱은 비추!

저도 오렌지색 립글로스를 바르고 싶어요!

예쁜 산호색 립글로스를 바르고 싶어요. 그런데 제 입술색이 너무 칙칙해서인지 바르면 꼭 떡볶이 국물이 입술에 묻은 것 마냥 얼룩덜룩해 보이고 색이 예쁘게 나오질 않아요. 어떻게 하면 오렌지색 립글로스를 예쁘게 바를 수 있을까요?

해결책은?

사람마다 입술색은 모두 달라요. 특히 투명감이 있는 립글로스는 원래 입술색의 영향을 많이 받아요. 똑같은 립글로스를 발라도 친구에게서 나오는 발색과 내 입술에서 나오는 발색이 모두 다른 것도 이 때문이죠.

오렌지 계열 립스틱은 노란 기가 도는 한국 여성의 피부에 잘 어울리죠. 핑크에 비해 자연스럽기도 하고요. 그러나 푸른빛이 도는 짙은 입술에 밝은 채도의 오렌지는 정말 쥐약이에요. 선명한 오렌지색에 꼭! 도전해보고 싶다면 입술 색을 어느 정도 커버해야 해요. 일단 피부색과 비슷한 컬러(베이지브라운)의 립라이너로 입술 안쪽을 메꾸세요. 이 과정에서 입술이 약간 건조해질 수 있어요. 요즘엔 립컨실러라는 제품도 나와요. 입술에 바르는 컨실러로 입술 색을 커버해주죠. 립컨실러를 사용하면 좀 더 촉촉하게 베이스를 만들 수 있어요. 어느 정도 입술 본래의 색을 제거한 후에 오렌지 계열 립글로스를 발라보세요. "안녕? 나 오렌지!" 하고 말하는 듯한 선명한 오렌지 컬러보다는 산호(코랄), 살구색 같은 부드러운 옐로우 계열 컬러가 더 자연스러워요.

shopping guide

흑, 나 없이
뭘 지르시려고?

안 보면 너만 손해

청순 메이크업을 도와주는 베이지 립스틱·립글로스

자, 립글로스를 구입하러 화장품 매장에 갔어요. 눈에는 정말 예쁘고 통통 튀는 컬러인데 내 입술에 바르면 영~ 아닌 경우가 많죠? 우리 피부톤은 백색 종이가 아니기 때문에 보기에 예쁜 컬러가 노르스름한 피부 위에서도 예쁘게 보이긴 힘들어요. TV 드라마에서 여주인공이 입술만 통통 튀는 립컬러를 바르는 경우는 거의 없어요. 입술색은 있는 둥 없는 둥 하지만 전체적인 룩은 너무 예쁘죠? 대부분 베이지 계열의 립컬러를 바른 거예요. '베이지 색'이라고 하면 "응? 파운데이션 색? 베이지? 누드 컬러? 입술만 뜨는 거 아냐?"라고 생각하기 쉬운데, 베이지는 한쪽으로 치우친 핑크 계열도 오렌지 계열도 아닌 예쁜 중간 컬러예요. 부드러운 브라운 베이스를 가진 컬러로 어떠한 피부톤, 아이 메이크업, 의상에도 다 잘 어울린다는 장점이 있지요. 그렇기 때문에 컬러가 두드러지지 않는 청순 메이크업에 적합해요. 단독으로 발라도 좋지만 섞어 바를 때도 아주 유용해요! 튀는 립컬러를 톤다운 시키고 싶을 때 베이지 립글로스를 위에 덧발라주면 차분한 느낌으로 바꿀 수 있죠. 립컬러를 선택할 때 내 얼굴과 어울리는 게 하나도 없다 하고 고민된다면 베이지 컬러부터 선택해보세요. 베이지 핑크, 베이지 코랄 등 알고 보면 색상도 매우 다양하답니다.

볼에도 입술에도 바르는 화장품

검색 키워드: 립틴트, 치크 스테인

화장을 별로 하지 않는 친구라도 틴트 정도는 가지고 있을 거예요. 틴트 제품 사용 설명서를 보면, 입술뿐만이 아니라 블러셔나 아이섀도로도 쓸 수 있다고 나오죠? 이런 제품을 한국에선 '틴트', 서양에선 '스테인'이라고 해요. 둘 다 '색깔을 넣다'라는 뜻을 가지고 있죠. 입술은 물론 블러셔나 아이섀도로 쓸 수 있어요. 상처에 바르는 빨간약처럼 찰랑찰랑한 액상 타입부터 크림 팩트까지 제형도 다양해요.

하지만 광고처럼 틴트로 모든 부분에 메이크업을 할 수 있는 건 아니예요. 눈, 입술, 볼에 가장 잘 어울리는 컬러와 제형은 따로 있기 때문이죠. 내가 사용하고 싶은 부위에 따라 제형을 선택해서 쓰는 것이 좋습니다. 그럼 어떤 제형이 어느 부위에 잘 맞는지 알아볼까요?

♥ **크림팩트**　　블러셔★★★★★ 아이섀도★★ 립★★★

장점 : 손가락으로 녹여 바르기 때문에 양 조절이 쉽고 발림성이 좋습니다.

단점 : 입술에서는 다소 두껍게 발려 자연스러움이 덜할 수 있어요.

♥ **액상 스테인, 틴트**　　블러셔★★★ 아이섀도★ 립★★★★★

장점 : 선명한 투명감!

단점 : 빨리 마르기 때문에 재빨리 펴 바르지 않으면 연지곤지를 찍은 것처럼 얼룩이 남을 수 있어요. 한쪽 볼을 완성한 후 다른 쪽 볼을 바르도록 하세요.

♥ **크림튜브**   블러셔★★★★★ 아이섀도★★ 립★★★

장점 : 다른 제형보다 컬러가 다양합니다. 액상 스테인보다 시간적 여유가 있어 초보자가 사용하기 편리합니다.

단점 : 양 조절을 잘 해야 합니다! 많은 양을 사용하게 되면 세팅이 느려지고 손자국이 생기기도 합니다.

▶ **어떻게 하면 예쁘게 잘 바를 수 있을까?**

자, 여러분에게 필요한 틴트·스테인 제품이 어떤 것인지 감이 좀 잡히나요? 그러면 이러한 틴트 제품들을 예쁘게 잘 바르기 위한 팁을 알아보죠.

♥ **컬러 선택**

눈, 입술, 볼에 모두 똑같은 컬러를 사용하면 너무 촌스러워요. 같은 색깔을 쓰는 것은 최대 두 곳까지만! 눈과 입술 부위에 너무 붉은 색을 사용하면 부자연스러워요. 오렌지·코랄·살구 계열 컬러로 발라주는 것이 좋아요. 볼과 입술에 같은 컬러를 사용한다면 핑크~레드 계열이 자연스러워요.

내게 오렌지 계열이 잘 맞는지, 핑크 계열이 잘 맞는지를 도저히 모르겠다면 복숭아(피치) 색상이 가장 안전한 선택! 피치는 핑크(쿨·블루 언더톤)에 따뜻한 살구 톤이 섞여 있기 때문에 어느 피부에나 자연스럽게 잘 어울린답니다.

♥ **베이스**

팩트같은 파우더 타입 제품으로 피부 화장을 한 후에 틴트·스테인 제품을 바를 때는 주의! 파우더가 틴트를 순식간에 흡수해 얼룩이 생기기 쉬워요. BB크림이나 리퀴드 파운데이션처럼 촉촉한 피부 화장을 한 상태에서 사용하는 것이 좋습니다. 중앙에 틴트·스테인 제품을 손끝으로 점을 찍듯 바른 후 재빠르게 가장자리로 펴바릅니다.

여드름 피부라면 틴트는 입술에만!

여드름 피부는 피부 자체에 붉은 기가 많아요. 여기에 틴트로 붉은 기를 더한다는 것은 그야말로 얼굴이 우체통처럼 되는 지름길이죠. 게다가 모공이 넓은 지성 피부이거나 여드름 흉터 자국이 있다면 틴트가 고여서 더 얼룩덜룩해질 수 있어요. 여드름 피부라면! 틴트는 입술에만 양보해주세요.

틴트를 바르면 입술 선을 따라 마구 번져요.

입술이 건조해서 그런지 틴트를 바르면 입술 세로 주름을 따라 번져서 지저분해 보여요. 깔끔하게 바를 수 있는 방법 없을까요?

해결책은?

입술 주름을 따라 립글로스나 틴트가 번진다면 건조한 입술이나 각질이 원인이에요. 자주 번진다면 규칙적으로 입술 각질을 정돈하고 평소에는 립밤으로 보습 관리를 잘 하시는 것이 좋아요. 그래도 틴트가 번진다면! 아래 방법을 시도해보세요.

1. 립틴트를 사용하기 전에 립 프라이머 혹은 투명 파우더를 입술에 가볍게 발라줍니다.

2. 피부색과 동일한 컨실러 펜슬을 이용해 입술 라인을 그려줍니다. 컨실러 펜슬에 함유된 왁스

성분이 댐 역할을 해 틴트가 흘러나가는 것을 막아줘요.

3. 건조한 입술에 립틴트만 사용하면 더 건조해질 수 있어요. 립틴트는 착색시킨다는 느낌으로
가볍게 발라주고 그 위에 투명 립글로스를 발라 촉촉함을 줍니다.

입술 각질 제거하기

립틴트나 립스틱 등등 립 제품이 잘 받기 위해서는 입술이 촉촉해야겠죠? 그러니
평소에 립밤으로 보습 관리를 꾸준히 해줘야 해요. 입술이 건조하다면 스테인 종류
는 사용하지 마세요. 더더욱 건조해지고 각질이 두드러져 지저분해 보여요.
일단 입술에 각질이 일어났다면 절대 뜯으면 안돼요! 부드럽게 각질을 제거해야
합니다. 시중에는 '립스크럽' 같은 입술 각질 제거용 제품도 많이 나오는데요. 이
제품들을 사용해도 좋지만 아기들이 사용하는 칫솔로도 입술 각질을 부드럽게
제거할 수 있어요.

▶ 입술에 일어난 각질 제거하는 방법!

1. 크림을 발라 입술을 부드럽게 해주세요(AHA가 들어간 크림도 좋아요).

2. 아기용 칫솔을 이용해 입술을 위아래, 양 옆으로 가볍게 쓸어줍니다.

3. 입술을 가볍게 씻은 후 바셀린 혹은 100% 셰어버터(시어버터)를 바르고 입술에
쿠킹랩을 붙여 10분 정도 그대로 흡수시켜줍니다.

4. 낮엔 자외선이 차단되는 립밤을 발라줍니다. 최소한 SPF 15 이상인 것을 선택
하세요. 보습 위주의 투명한 립밤 전문브랜드 제품이 좋습니다.

ex) 뉴트로지나 립 모이스춰라이저 SPF 15, 아비노 에센셜 모이스춰 립 컨디셔너 SPF 15

겨울철에 액상 틴트는 건조해요!

각질이 잘 생기는 겨울! 안 그래도 건조한 입술인데 액상형 립틴트만 고집한다면 입술이 쩍쩍 갈라질 수 있어요. 투명한 색감에 촉촉한 보습작용이 있는 틴트 립밤을 발라주는 것이 좋아요.

Q&A

Q : 립밤을 계속 바르면 입술 색이 사라진다는 게 사실인가요?

립스틱이 부담스러워서 립밤과 틴트를 매일 바르는 학생인데요. 매일 틴트를 바르면 원래 입술 색이 흐려진다는 말이 사실인가요?

A : 근거 없는 소문일 뿐이에요!

'립밤이나 틴트를 바르면 입술 색이 빠진다, 흐려진다'라는 건 10년이 넘게 떠도는 소문이죠. 결론부터 말하자면 사실무근! 우리 입술이 빨간 이유는 입술 피부가 매우 얇아 혈액이 비쳐 보이기 때문이에요. 입술이 건조하다고 계속 립밤을 발라주면 입술 각질이 두꺼워 질 수 있어요. 입술 각질 역시 다른 피부의 각질처럼 자연스럽게 탈락하고 새로운 피부로 바뀌어야 하는데, 립밤이 계속 각질을 눌러주게 되면 입술 각질이 두꺼워져 입술의 붉은 기도 예전보다 흐려 보일 수 있거든요. 립밤을 계속 바른다면 입술 각질도 함께 제거해주는 것이 좋아요.

수정 화장,··· 어떻게 해야 할까?

검색 키워드 : 리무버 스틱, 에어쿠션, 파우더 선블록

아무리 공들여 화장을 해도 시간이 지나면 조금씩 지워지게 마련이죠. 건조한 피부는 메이크업의 밀착력이 떨어져 오후만 되면 화장이 날아가 있고, 지성 피부는 숨풍숨풍 솟아나는 피지가 클렌징 오일처럼 메이크업을 다 녹여버려요. 그럴 때 하는 것이 바로 수정 화장이죠.

수정 화장은 피부 타입에 따라 조금씩 달라져야 해요. 또한 수정 화장을 할 때는 자외선 차단제도 덧발라주는 센스! 자외선 차단제는 2~3시간마다 덧발라야 효과적이에요. 자외선 차단제를 아침에 듬뿍 발라도 점심시간 이후에는 이미 그 효과가 절반으로 떨어져 있다는 사실! 하지만 메이크업을 한 상태에서 자외선 차단제를 덧발라주기란 쉽지 않죠? 그러므로 수정 화장용 메이크업 제품은 자외선 차단 기능이 있는 제품(SPF 30 이상, PA+++)을 선택하는 것이 좋아요.

▶ 겨울철, 건조함으로 화장이 날아갔을 때

피부가 이미 메마른 상태이기 때문에 여기에 파우더 팩트를 칠하게 되면 피부가 찢어지듯 건조해져요. 일단 수분 미스트를 뿌려 피부에 수분을 공급한 다음, 티슈로 정돈하고 리퀴드 팩트 타입의 파운데이션(ex. 에어쿠션)을 사용하여 수정 화장과 자외선 차단을 동시에 해줍니다.

▶ 여름철, 피지와 땀으로 메이크업이 녹았을 때

찬물을 적신 키친타월로 메이크업 스펀지를 감싸 피부를 꼭꼭 눌러줍니다. 피부의 온도를 낮춰주고 피지로 뭉쳐진 메이크업을 걷어내는 효과가 있죠. 립스틱형 컨실러나 스틱 파운데이션으로 지워진 부분 위주로 메이크업을 메꿔준 후, 자외선 차단 효과가 있는 파우더를 꼭꼭 눌러주어 수정 화장 + 자외선 차단을 해줍니다.

▶ 포인트 메이크업의 수정 화장

번진 아이라이너를 티슈나 면봉으로 바로 닦아버리면 화장이 지워져서 선명하게 자국이 남아요. 피부에도 자극적이구요. 이럴 땐 메이크업 스틱을 이용하면 좋아요. 펜슬 타입도 있고 면봉에 클렌징 워터가 적셔진 타입도 있으니 편한 제품을 선택하면 돼요. 메이크업 스틱으로 번진 부분을 살짝 녹여 피부에서 분리시킨 후 면봉으로 가볍게 제거해줘요. 그런 다음에 지워진 부분을 수정 화장으로 보완하면 됩니다.

썸남을 속이는 감쪽같은 투명 화장

컬러가 두드러지지 않는 것이 투명 화장의 생명! 동시에 깨끗하고 깔끔한 피부 표현과 선명한 눈매로 또렷한 인상을 주는 것도 중요하죠. 단순히 메이크업을 흐리게 하는 것과는 달라요. 쌩얼이라고 올라오는 연예인들의 수많은 사진도 다 전문가의 손길을 거친 투명 화장의 결과예요.

♥ 피부 화장

얼굴 전체에 화장을 해야 한다는 선입견을 버리세요. 여러분의 얼굴 피부는 10%의 결점이 있을지 몰라도 90%의 깨끗한 피부톤도 가지고 있어요. 이 90%의 깨끗한 피부를 파운데이션이나 BB크림으로 가리는 것은 '메이크-UP'이 아닌 '메이크-DOWN'이에요.

거울을 자세히 보세요. 피부의 어느 부분이 다른 부분과 불일치하는지 찾아보는 거예요. 10%의 결점을 찾는 거죠. 콧방울 주위가 붉지 않나요? 눈꼬리와 입술 주위의 피부가 칙칙하구요. 눈 밑에 다크서클이 있진 않나요? 이런 부분들을 피부톤에 맞는 컨실러로 커버한 후 주변과 자연스럽게 문질러줍니다. 이것만으로도 피부의 깨끗함은 95% 이상으로 상승!

주근깨가 있다면 과감히 노출하세요. 주근깨는 가리려고 할수록 더욱 어색해 보입니다. 마지막으로 지성 피부라면 투명 팩트로 보송보송하게 마무리해주세요. 피부의 잡티를 가려주고, 모공의 크기는 50% 이상 줄어들어 보여요.

♥ 눈썹

눈썹 숱이 많다면 투명 마스카라로만 깔끔하게 빗어주세요. 눈썹 숱이 듬성듬성하다면 에보니 펜슬로 눈썹을 한 올 한 올 심듯 가볍게 메꾸는 정도로만 해주세요.

♥ 아이 컬러

투명 화장에는 아이섀도보다는 살구색 계통의 아이프라이머가 더 적합해요. 아이프라이머는 원래 아이섀도 전에 눈꺼풀의 피부톤을 정리하고 주름을 메꿔주는 용도로 쓰여요. 눈가에 아이프라이머를 발라주면 칙칙함이 사라져 아무것도 바르지 않았을 때보다 깨끗한 느낌을 준답니다.

♥ 속눈썹

뷰러로 속눈썹을 살짝 집어 눈을 오픈시켜주는 것만으로도 OK! 다 된 투명 화장에 마스카라로 무리수를 두진 마세요.

♥ 립

투명 립밤으로 입술에 윤기를 더해주세요.

흥, 나 없이
뭘 지르시겠다?

안 보면 너만 손해

투명 화장의 강력한 무기! 베이지 블러셔

펄이 없는 베이지~브라운 색깔의 블러셔는 자연스럽게 표현이 되기 때문에 투명 화장에 매우

유용한 아이템이에요. 여러 가지 컬러의 베이지톤 블러셔를 가지고 있으면 투명 화장의 강력한

무기가 되어주죠.

밝은 베이지 색깔을 T존에 바르면 보송보송해지고, 눈꺼풀에 바르면 칙칙함을 자연스럽게 커버해

줘요. 밝은 베이지 색깔과 어두운 베이지 색깔을 섞어서 얼굴 전체에 파우더처럼 발라 마무리하면

너무 하얗게 들뜨는 느낌 없이 자연스러운 피부톤이 됩니다. 학교에서 블러셔, 쉐이딩은 생략!

방과 후에는 보통 색깔과 어두운 색깔을 이용해 윤곽을 살려주면 간단하게 입체 화장도 할 수

있어요(입체 화장 방법은 '성형수술 효과! 고수들의 메이크업 따라잡기'를 참고하세요). 브라운 등의

진한 색깔은 아이섀도로 활용할 수도 있답니다.

성형 효과!
고수들의
메이크업 따라잡기♥♥♥

이제 보여드릴 메이크업은 일상생활용으로는 상당히~ 어색해 보일 수 있어요. 특히나 메이크업 아티스트가 아닌 여러분이 할 때는요! 하지만 조금만 연습한다면 사진을 찍을 때 꽤 좋은 효과를 낼 수 있답니다. 포토샵 없이 성형 수술을 한 듯한 효과를 낼 수 있죠.

눈 사이가 좁다면? 눈물샘 하이라이트!

눈 앞머리가 좁아 얼굴이 몰린 것 같은 인상에 특히 효과적이죠. 얼굴이 넓은 경우엔 이 메이크업을 하지 않는 편이 좋아요. 눈 사이가 너무 넓어 보이고 순식간에 입체감이 사라져 넙데데한 얼굴이 되어버립니다. 눈 사이가 좁고 답답한 인상이라면 도전!!

♥ 아이브로
약간 사선으로 길게 빼서 시선이 바깥쪽으로 향하게 해주세요.

♥ 콧등 하이라이트

얼굴 여기저기에 하이라이터를 넣으면 포인트가 분산됩니다. 콧등에 과감하게 한 줄만 넣어주세요. 코가 높아 보이고 얼굴 중심이 넓어 보이는 이중 효과가 있어요.

♥ 눈물샘 포인트

가는 붓처럼 된 리퀴드 타입 눈물라이너, 아이스틱 등 눈 앞머리에 쉬머를 넣기 위한 제품들은 다양하게 나와 있죠. 그중에서 확실한 하이라이트 효과를 주면서 쉽게 그릴 수도 있는 제품은 파우더 아이라이너(펜슬 끝에 스폰지 팁이 내장되어 이 팁으로 파우더 섀도를 묻혀 바르는 제품)나 크레용 타입의 아이 펜슬이에요. 둘 다 도 톰한 부분과 뾰족한 끝이 함께 있기 때문에 눈 앞머리 같은 디테일한 부분에 컬 러를 넣기 좋습니다.

총알 브러시를 이용하는 것도 한 방법이에요. 쉬머가 강한 섀도를 총알 브러시로 콕콕 찍은 후 눈 앞머리에 C자 형태로 붓글씨 쓰듯 그려주면 눈앞 하이라이터 완성! 애교 살에 반짝이를 넣어 눈물 효과를 낼 때에도 효과적으로 쓰여요.

♥ 아이섀도

베이스 색깔을 쌍꺼풀 부위에 바르고 눈 밑 애교 살에는 반짝반짝한 펄이 들어 간 핑크 색깔 아이섀도를 바릅니다. 베이스 색깔이 어두울수록 콘트라스트 효과 로 눈 앞머리 부분이 더욱 돋보이지만, 자연스러운 메이크업을 원한다면 핑크색 아이섀도가 '눈물샘 포인트'와 연결되도록 하는 것이 좋아요. 포인트 컬러는 눈동 자 바깥쪽에서 사선으로, 살짝 라인을 그려주는 식으로 끝을 빼줍니다.

눈 사이가 넓다면? 인사이드 아이라인!

눈과 눈 사이가 좁은 사람이 있는가 하면, 반대로 눈과 눈 사이가 너무 먼 사람도 있죠. 이런 경우에는 일단 시선이 바깥쪽으로 퍼지지 않게 하는 것이 중요! 시선을 안쪽으로 모아야 합니다.

♥ 아이브로

눈 사이가 먼 경우는 눈썹도 떨어져 있는 경우가 대부분이죠. 에보니 펜슬을 이용해 눈썹 맨 앞부분에 한두 개 정도 눈썹을 심듯이 살짝 그려줍니다. 눈썹의 모양도 눈 사이에 따라 달라져요. 눈 사이가 넓은 경우는 약간 사선처럼 바깥으로 뻗치는 모양으로 그려주고, 눈 사이가 좁은 경우는 살짝 각을 주어 꺾어주거나 평평한 각도로 짧게 그립니다.

♥ 아이라인

아이라인은 눈 앞머리까지 연결시켜줍니다. 이때 '인사이드 아이라인' 테크닉을 활용하면 좋습니다. '인사이드 아이라인'은 아이라인을 눈꺼풀이 아니라 점막에 그리는 테크닉을 말합니다. 안구와 속눈썹 사이의 핑크색 피부, 즉 점막을 완전히 까맣게 채우는 것이지요. 이렇게 그려준 라인을 눈 앞머리에서 연결합니다. 눈 앞머리가 연장되어 보이면서 눈이 앞쪽으로 더 길게 늘어난 착시 효과를 줍니다. 하지만 주의할 점! 점막에 아이라인을 그리면 안구에 자극을 줄 수 있고 트러블의 원인이 되기도 합니다. 너무 자주 그리진 마세요!

아이라이너 브러시, 어떤 재질이 좋을까?

앵글형 아이라이너 브러시는 끝이 뾰족하고 각이 져서 아이라인을 그리기가 수월해요. 아이브로 브러시와 비슷한 디자인이지만 재질이 다르죠. 아이브로 브러시는 단단한 돈모(돼지털), 아이라이너 브러시는 실리콘모(화방에서 구입하면 좋아요)가 좋습니다. 앵글형 브러시는 젤 아이라이너로 눈꼬리를 가늘게 빼듯이 그릴 때 편해요.

하이라이터와 브론저로 3D 얼굴 만들기

BB크림과 립글로스로 투명 메이크업을 했는데 뭔가 완성이 안 된 듯한 느낌을 받을 때가 있죠? 사진을 찍으면 얼굴이 평소보다 1.5배는 더 넓어 보이구요. 얼굴에 살이 많거나 평면적인 얼굴이면 더욱 그래요. 이때 화장은 한 듯 안 한 듯하면서 가장 큰 변화를 줄 수 있는 것이 바로 하이라이터와 브론저를 이용한 입체 화장이에요. 메이크업의 유행은 돌고 돌아요. 지난 몇 년간 피부를 환하게, 동글동글 어려 보이게 하는 '동안 메이크업'이 인기였다면 최근엔 브론저를 이용해 얼굴을 입체적으로 표현하는 '컨투어링 메이크업'이 유행이에요. 브론저 제품들도 다양하게 나오고 있어요. 요즘엔 2~4색으로 나뉜 브론저 제품도 쉽게 찾아볼 수 있죠.

브론저는 색상 선택이 매우 중요해요. 쉐이딩을 하고 싶다면 펄이 들어가지 않은 보송보송한 제품으로 고르는 것이 좋습니다. 수입 브랜드에는 붉은 색상을 띤 브론저 제품이 많은데 절대 선택하지 말아야 해요! 우리 피부톤에 맞지 않거든요. 게다가 쉐이딩에 너무 욕심을 내면 안 돼요. 진하게 칠하면 턱수염 같이 보일 수도 있어요. 목과 색깔이 차이나는 것도 최악이죠. 가급적 내 피부에서 크게 차이가 나지 않는 색상을 선택하세요. 내 피부에 딱 맞는 컬러를 찾기 힘들다면, 하이라이터와 브론저를 믹스해 적당한 컬러를 만드는 방법도 있습니다.

하이라이터와 쉐이딩을 넣는 방법을 모르겠어요!

전 얼굴이 넙데데한 편이라서 고민이에요. 하이라이터와 쉐이딩을 넣으면 얼굴이 좀 더 입체적으로 보인다는데, 하는 방법을 모르겠어요!

해결책은?

하이라이터와 쉐이딩을 해본 적이 없다구요? 기본 공식을 알려드릴게요. 너무 긴장하지 말고 미술 시간에 석고상을 그린다는 느낌으로 가볍게 터치해주면 돼요.

먼저 제일 어두운 색으로 아래턱에서부터 얼굴 안쪽으로 가볍게 쓸 듯이 쉐이딩을 넣어줍니다. 그리고 브러시에 쉐이딩 컬러가 거의 안 남은 상태에서(매우 중요! 쉐이딩 컬러가 거의 남아 있지 않아야 해요!) 관자놀이에서부터 코끝으로 이어지는 S라인을 그려줍니다. 이렇게 하면 얼굴 라인이 홀쭉해 보이는 착시 효과를 줘요.

그리고 눈가의 C라인에 하이라이트를 넣어 S자로 넣은 쉐이딩과 섞어줌과 동시에 광대뼈에 하이라이트 효과로 입체감 UP!

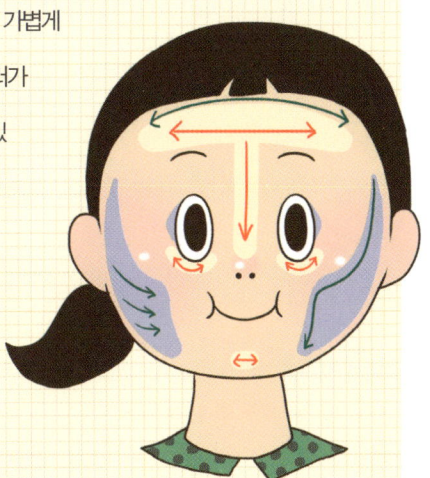

그렁그렁~ 눈물 효과 내기!

요새는 어려 보이고 귀여운 느낌을 주는 '동안'이 대세죠? 그래서 일부러 좀 더 어려 보이기 위해 '동안 시술'이라는 것을 받는 어른들도 있는데요. 그중에 하나가 필러를 이용해 애교 살을 만드는 시술이에요. 애교 살이 돋보이는 '눈물 효과 메이크업'도 크게 유행했는데요. 눈물 효과도 원래 애교 살이 있는 눈에 할 때 가장 예쁘답니다. 오동통한 애교 살이 있는 친구들은 은은하면서 청순한 눈물 효과에 도전해보세요!

1. 애교 살 부분에 펄이 들어간 연한 핑크색 아이섀도를 발라줍니다.
2. 애교 살 아래 라인에 피부톤보다 0.5톤, 그러니까 아주 약간 어두운 브라운 섀도를 이용해 살짝 음영을 넣어줍니다. 선같이 보이면 안 되므로 총알 브러시를 이용해 브러시를 좌우로 움직이면서 잘 어우러지게 해주세요.
3. 눈동자의 바로 아랫부분, 점막에 은색 펄이 들어간 아이섀도를 발라줍니다. 크림 아이섀도로 바라는 것이 좋고, 사각 아이라이너 브러시 끝부분을 이용해 도장 찍듯 수직으로 지긋~이 찍어주면 됩니다.

눈물 효과 메이크업에서 주의할 점은 절대 눈 아래 전체에 라인을 칠하지 말아야 한다는 것이에요. 눈물 효과의 포인트는 눈물이 살짝 맺힌 반짝임이지 눈 전체에 눈물이 그렁그렁 고인 느낌이 아니라는 것! 눈물 효과의 목적은 청순과 청승 사이라는 점을 명심하세요.

브러시 세척법

메이크업을 할 때 브러시를 자주 쓰는 친구는 여길 주목! 브러시로 메이크업을 할 때 무엇보다 중요한 것은 브러시의 청결이에요. 매일 내 피부에 닿는 도구인 만큼, 청결이 무엇보다 중요하겠죠? 하지만 일 년 내내 세척하지 않고 그대로 방치하는 경우가 대부분이죠. 유분에 찌든 파우더 브러시는 뾰루지의 원인이 될 수도 있어요. 브러시는 쓸 때마다 반드시! 세척해줄 것!

▶ 브러시 드라이 클렌징 : 사용할 때마다

'청결'이 브러시의 생명이라고는 하지만, 매일 물에 세척하기가 힘든 일이란 것은 잘 알아요. 천연모 브러시 같은 경우는 자주 씻을수록 부드러움과 윤기가 떨어지기도 하구요. 그러니 브러시를 쓸 때마다 드라이 클렌징을 해주세요. 메이크업을 한 후에 브러시를 티슈에 최대한 눕혀서 앞·뒷면을 닦아주세요. 그리고 브러시를 티슈에 수직으로 세워 가볍게 좌우로 움직여줍니다. 이렇게 하면 브러시 안쪽에 고인 파우더까지 잘 빠져나와요. 마지막으로 알코올을 브러시에 뿌려줍니다. 미니 스프레이 병에 알코올을 담아두면 쓰기 편해요. 드라이 클렌징이 끝난 브러시에 알코올을 가볍게 2~3번 뿌려준 후 잘 흔들어 알코올을 증발시켜 주세요. 그 후에 브러시를 보관하면 끝! 간단하죠? 조금 귀찮더라도 피부의 건강을 위해 브러시를 쓸 때마다 빼먹지 말고 드라이 클렌징을 해주세요.

▶ 브러시 웻 클렌징 : 한 달에 한 번

브러시에 진한 색깔이 많이 묻었다면 클렌징 오일에 살짝 담가 녹여주세요. 저는 빵집에서 판매하는 푸딩 용기를 활용해요. 쉽게 구할 수 있고 브러시를 담그기에도 적당한 크기거든요. 클렌징 오일에 메이크업이 어느 정도 녹아났다면 손바닥 위에 샴푸를 짜서 충분히 거품을 낸 뒤 드라이 클렌징 하는 방법으로 브러시를 좌우로 왔다갔다 해줍니다. 그리고 흐르는 물에 깨끗이 헹군 후 컨디셔너를 푼 물에 브러시를 몇 번 흔들어준 후 다시 헹궈줍니다. 타월에 눕혀서 건조시키면 브러시 클렌징 끝!

나훈녀 • 자, 어떠세요? 화떡 친구의 얼굴에 맞는 화장을 해봤는데, 모두 어떤 느낌을 받나요?

학생들 • 우와 대박! 너무 예뻐요!

나훈녀 • 화떡 학생은 눈 밑 언더라인까지 아이라인을 그렸었어요. 그래서 오히려 눈이 답답한 느낌이었죠. 지금은 눈이 확 트여 보이죠? 화떡 학생은 두터운 입술이 매력 포인트에요. 그래서 입술을 강조해줬답니다.

학생들 • 오 오~

나훈녀 • 화장은, 특히 포인트 화장은 여러분이 가지고 있는 장점을 돋보이게 하는 역할을 해야 해요. 섣불리 단점을 장점으로 바꾸려고 하면 얼굴의 밸런스가 안 맞아 역효과가 날 가능성이 높죠. 장점을 부각시켜야 한다! 여러분 모두 명심하세요.

김화떡 • 우와…… 교장 선생님, 대단하세요……

나훈녀 • 후후, 화떡 학생도 참. ……이제 화장을 지웁시다.

김화떡 • 네, 앞으로는 꼭 화장을 잘 지우…… 네?

나훈녀 • 선생님! 클렌징 제품과 물을 다시 준비해주시겠어요?

학생들 • 헐? 뭐야? 왜 벌써 지워? 이제 끝난 거 아나?

김화떡 • 교, 교장 선생님! 저 이대로 집에 가도 돼요. 굳이 안 지워주셔도 되는데…

나훈녀 • 무슨 소리에요? 마지막 수업이 남아 있는데.

김화떡 • 네??

나훈녀 • 화장은 하는 것보다 지우는 게 더 중요하다는 말, 몰라요? 자, 이리오세요!

김화떡 • 아니! 저! 자, 잠깐! 휴대폰으로 셀카라도 찍게 해주세요! 남겨두고 싶단 말이에요!

나훈녀 • 휴대폰은 모두 압수했잖아요, 잊었어요? 얼굴 대세요! 얼른!

김화떡 • 으악! 안 돼! 셀카 찍어서 카톡 프로필 사진으로 하려고 했단 말이에요!

6교시
클렌징

화장은
하는 것보다
지우는 게
더 중요해···

'정확한' 클렌저를 찾아 '제대로' 클렌징을 하는 것은 정말 중요해요. 몇 번을 강조해도 지나치지 않죠. 많은 사람들이 깨끗이 씻는 것에 대해 과도한 강박증을 가지고 있어요. 하지만 과한 클렌징은 오히려 피부 트러블을 일으킵니다. 피부가 건조해지거나 민감해지는 것의 원인은 대부분 지나친 클렌징에 있어요. 그러므로 정확한 클렌징 습관을 가지는 것은 무엇보다 중요하다고 할 수 있겠죠?

올바른 클렌징으로 촉촉한 피부를!

그럼 올바른 클렌징을 하기 위해 중요한 것은 뭘까요? 먼저 내 피부에 맞는 부드러운 클렌저를 선택하는 것이 중요합니다. 또 하루에 두 번 이상 클렌징하지 않는 것이 좋습니다. 땀과 피지는 따뜻한 물만으로도 대부분 제거됩니다. 세안제를 사용하면 메이크업 같은 유성의 더러움을 좀 더 쉽게 제거할 수 있죠. 하지만 동시에 피부의 천연적인 오일(피지)로 이루어진 보습 막까지 제거해버릴 수 있어요. 과도한 클렌징은 금물!

난 어떤 제품을 선택해야 할까?

모든 클렌저는 얼굴에 묻은 더러움을 제거하고 메이크업을 지우는 기능을 동시에 가지고 있습니다. 클렌징 오일처럼 메이크업을 지우는 기능이 좋은 제품이 있는가 하면, 효소 세안제처럼 메이크업을 지우는 기능은 약하지만 피지 제거력이 좋은 제품이 있고, 클렌징 밀크처럼 보습력이 좋은 제품 등 클렌저는 모두 저마다 특징과 장점, 단점을 가지고 있죠.

여러분의 화장은 어른보다 투명하고 얇은 편이에요. 피부 자체에서 피지도 왕성하게 분비되죠. 메이크업이 두껍고 피부 자체가 건조한 성인의 경우와 정반대라고 할 수 있어요. 그렇기 때문에 세정력이 좋은 클렌저라 할지라도 개인에 따라 기준이 달라질 수 있어요. 세정력이 좋은 클렌저가 반드시 피부에도 좋다고는 할 수 없어요. 겨울철이나 건성 피부라면 세정력이 조금 떨어지더라도 세안 후에 피부를 촉촉하게 유지시켜줄 수 있는 클렌저가 좋습니다. 하나의 클렌저가 가족 모두의 피부를 다 만족시킬 수는 없겠죠. 각각 필요로 하는 세정력이 다를 테니까요. 지금부터라도 내 피부에 맞는 클렌저를 찾는 방법을 익히는 것이 중요합니다.

그러나! 내 피부에 꼭 맞는 클렌저를 찾았다 할지라도 1년 내내 맞는다는 보장이 없다는 것이 함정! 계절에 따라 촉촉과 산뜻을 넘나들며 클렌저의 세정력에 변화를 주는 것이 좋습니다. 여름철에는 방수 기능의 자외선 차단제를 많이 바르고 피지 분비도 많아지기 때문에 지성 피부라면 특히 세정력이 좋은 제품을 선택하도록 하세요.

제품별	세정력·보습력	누가 사용해야할까?	선택 포인트
클린징 리퀴드 클렌징 오일	• 메이크업 제거력: 상 • 피지 제거력: 중 • 보습력: 중	• 메이크업을 많이 하는 피부.	• 모공을 막을 가능성이 있으므로 여드름 피부는 피합니다.
클렌징 밤 클렌징 크림	• 메이크업 제거력: 상 • 피지 제거력: 하 • 보습력: 상	• 악건성 피부, 클렌징 폼이나 비누를 사용하면 자극되는 예민한 피부.	• 모공을 막을 가능성이 있으므로 여드름 피부는 피합니다.
클렌징 밀크	• 메이크업 제거력: 중 • 피지 제거력: 하 • 보습력: 상	• 모든 피부에 적합.	• 물 세안이 잘 되는 제품으로 선택합니다. 건성 피부나 민감한 피부는 클렌징폼 대신 사용하면 좋아요.
클렌징 워터 클렌징 티슈	• 메이크업 제거력: 상 • 피지 제거력: 상 • 보습력: 중	• 피부에 유분을 남기지 않고 산뜻하게 메이크업을 제거하고자 할 때 적합.	• 알코올이 들어가지 않은 제품을 선택하세요. 아기용 물티슈는 저렴이 메이크업 클렌징 티슈로 good!
클렌징 젤	• 메이크업 제거력: 중 • 피지 제거력: 상 • 보습력: 하	• 중·지성 피부, 여드름 피부용 세안제로 적합	• 대부분 오일이 들어가지 않아 산뜻하며 항균 성분이나 각질 제거 성분 등 중·지성 피부에 도움 되는 성분들을 함유하고 있습니다.
클렌징 폼	• 메이크업 제거력: 중 • 피지 제거력: 중~상 • 보습력: 중~상	• 세정력과 보습력이 다양해 피부 타입에 맞춰 선택 가능.	• 거품이 풍성하면서 단단하고 촘촘하게 나는 것이 좋습니다.
셀프 포밍 클렌저	• 메이크업 제거력: 하 • 피지 제거력: 중 • 보습력: 중	• 아침에 가볍게 세안제를 쓰고 싶은 사람에게 적합	• 메이크업을 한 상태에서 세안을 할 때 거품이 금방 죽는다면 별도의 메이크업 리무버를 사용하는 것이 좋아요.

클렌징 워터를 이용한 메이크업 원스텝 제거

가벼운 메이크업이라면 클렌징폼만으로도 깔끔하게 세안이 가능하지만, 아이라인에 아이섀도, 블러셔까지 꼼꼼하게 한 경우라면 세안 전 먼저 가볍게 메이크업을 제거해주는 것이 좋아요. 엄청 꼼꼼하게 메이크업을 지운다고 지웠는데도 아이섀도의 펄이나 아이라인이 남아 있던 경험 모두들 한 번쯤은 해봤죠?

포인트 메이크업을 제거할 수 있는 제품들은 여러 종류가 있지만 그중에서도 클렌징 워터와 클렌징 티슈는 펄 같은 포인트 메이크업을 별도로 닦아낼 수 있죠. 그래서 세안을 마친 후에 얼굴에서 미처 닦아내지 못한 포인트 메이크업을 발견

하는 짜증스러움을 줄일 수 있어요. 그 뿐 아니라 클렌징 워터는 피부에 불필요한 유분을 더하지 않기 때문에 10대 피부가 사용하기에도 적당해요.

준비 단계

첫 번째 단계는 언제나 손을 깨끗이 씻는 것부터 시작합니다. 머리엔 헤어밴드를 꼭! 착용해주세요. 머리카락에 남은 클렌저의 잔여물이 여드름의 원인이 될 수 있음을 알아두세요.

준비물
클렌징 워터, 화장솜, 헤어밴드, 클렌징폼

STEP 1

1. 첫 번째 화장솜을 이용하여 한쪽 면으로 눈, 입술, 아이브로, 마스카라와 같은 포인트 화장을 지워줍니다.
2. 방수 마스카라의 경우 클렌징 워터를 적신 화장솜을 눈꺼풀 위에 약 30초 정도 얹어 마스카라가 녹도록 기다린 후 제거해줍니다.
3. 화장솜을 속눈썹 아래에 두고, 클렌징 워터를 적신 면봉을 이용해 위에서 아래로 속눈썹을 가볍게 쓸어줍니다.

STEP 2

화장솜을 반대 방향으로 하여 피부 화장을 제거해줍니다.

STEP 3

두 번째 화장솜을 이용해 눈 밑에 마스카라가 번진 부분과 콧방울 등 첫 번째 단계에서 놓쳤던 부분들을 꼼꼼하게 지워줍니다.

부드러운 클렌징폼으로 마무리 세안해줍니다. 건성 피부라면 생략해도 좋아요!

Q : 클렌징 워터는 따로 물 세안을 할 필요가 없나요?

지금까지 세안을 할 때는 클렌징폼을 사용하거나 이중 세안을 했어요. 그런데 클렌징 워터에 대해 찾아보니 화장솜으로 닦아내고 따로 물 세안을 하지 않아도 된다고 하더라구요. 정말 이중 세안 안 해도 되는 건가요?

A : 개인 차이가 있지만 하지 않아도 괜찮답니다.

클렌징 워터부터 클렌징폼까지, 클렌저에 공통으로 들어가는 성분이 뭘까요? 바로 계면활성제에요. 계면활성제는 클렌저뿐만 아니라 세제, 샴푸, 비누, 치약에 이르기까지 수많은 제품에 함유되어 있죠. 묻어난 메이크업은 화장솜에 붙어 있게 되는 거죠.

클렌징폼을 물로 씻어내는 이유는 피부에 거품으로 붙어 있는 계면활성제와 녹은 메이크업을 헹궈내기 위해서예요. 하지만 클렌징 워터로 메이크업을 지웠다면? 이미 계면활성제와 메이크업이 얼굴에서 분리된 상태이므로 굳이 물 세안을 할 필요가 없는 거죠.

물론 100% 완벽하게 계면활성제가 피부에서 제거된 것은 아니예요. 하지만 클렌징 워터에 사용되는 계면활성제는 클렌징폼에 사용되는 것보다 순해요. 과도하게 피지를 제거하지 않아 피부가 건조하지 않고, 피부에 남아 있어도 큰 자극을 주진 않죠. 그래도 찝찝한 느낌이 들거나 덜 씻긴 것 같다면? 물 세안을 충분히 해주세요. 대신 클렌징폼은 사용하지 않거나 아주 소량만 쓰는 것이 좋아요.

메이크업을 하지 않은 날이라도 클렌징은 꼭! 해줘야 해요. 도서관에서 밤늦게까지 공부한 후에

집으로 돌아와 씻기 귀찮다고 그대로 잠들어버린 적, 누구나 있을 거예요. 먼지와 자외선 차단제가 범벅이 된 얼굴로요! 아무리 귀찮아도 클렌징은 빼먹지 마세요. 물로 씻는 것도 귀찮다면 최소한 클렌징 워터나 클렌징 티슈를 이용해 얼굴을 닦아내도록 하세요.

주기적으로
각질 제거하기

검색 키워드 : 피부 턴오버, 28일 주기

각질 제거 파트에 들어가기 전에 여러분이 꼭 명심해야 할 점이 있어요. 바로 성인의 각질 제거와 10대 피부의 각질 제거는 반드시 구분되어야 한다는 거예요. 어른들이 하는 각질 제거를 무턱대고 따라하다가는 피부에 트러블이 생길 수 있어요. 10대인 여러분의 피부와 어른들의 피부는 다르기 때문에 각질 제거 방법도 조금 달라요.

먼저 각질에 대해서 알아보도록 할까요?

▶ 각질은 피부에 꼭 필요한 존재!

각질은 지방과 비슷한 존재에요. 반드시 있어야 하지만 너무 과하면 문제를 일으킬 수 있죠. 우리는 조금만 살이 쪄도 다이어트를 해야 한다고 걱정하죠? 물론 과도한 지방으로 비만이 된다면 문제가 될 수 있지만, 지방은 우리 몸 안에서 장기를 보호해주는 쿠션 기능과 보온 기능을 해주며 필요시 칼로리로 변신해 에너지를 공급해주는 매우 중요한 역할을 하죠. 그러므로 건강한 신체를 유지하기 위해서는 적절한 양의 지방도 함께 유지해주는 것이 중요하구요.

각질도 마찬가지예요. 각질층은 단단한 벽돌 벽의 모습을 하고 있어 피부를 안팎으로 보호해줍니다. 밖으로는 자외선, 공해, 먼지 등으로부터 피부를 보호하고 안으로는 피부 속의 유분과 수분을 유지시켜줘요.

아토피 피부 아시죠? 아토피 피부는 각질층이 약하고 쉽게 깨지는 피부예요. 각질층이 약하다 보니 외부의 자극을 계속 받아 빨갛고 가렵죠. 그리고 깨진 각질층을 통해 피부 속이 수분이 증발하다 보니 계속 건조한 거예요.

피부에 있어서 각질이 얼마나 중요한지, 이제 알겠죠?

피부의 28일 턴오버(turn over) 주기

피부 세포가 태어나서 각질로 떨어져나가기까지 어떤 과정을 거칠까요? 먼저 표피의 제일 아래층인 기저층에서 피부 세포가 탄생해요. 앞서 태어난 피부 세포가 각질로 떨어져나가면서 이 세포는 서서히 각질층으로 올라오게 됩니다. 그리고 태어난 지 4주 후, 새로운 피부에게 각질층의 자리를 물려주고 피부에서 탈락합니다. 그 빈자리는 또 새로운 피부가 채우게 되는 것이죠. 이것을 '피부 턴오버'라고 합니다. 그리고 그 주기는 28일, 즉 4주의 시간이 걸리죠. 이 피부 턴오버는 정상적인 신체 신진대사의 일부에요. 그래서 따로 각질 제거를 하지 않더라도 탈락할 때가 된 피부는 자연스럽게 떨어져나가죠. 머리카락이나 속눈썹이 자연스럽게 빠지는 것과 마찬가지예요.

25세 이상이 되면 피부의 신진대사가 점차 떨어지면서 28일의 피부 턴오버도 함께 느려져요. 이렇게 되면 단순히 피부 표면이 거칠어지는 데 그치지 않고 새로운 피부 생성이 느려져 전반적인 피부 재생 효과가 떨어집니다. 두꺼운 각질 표면으로 화장품도 잘 흡수가 되지 않구요. 수분이 들어가지 못하기 때문에 각질이 두꺼운 피부는 언제나 건조해요. 그래서 어른들의 피부 관리에서 각질 제거가 필수인 거죠. 화장품이 효과적으로 흡수되기 위해서요.

▶ 건강한 10대 피부의 각질 제거는 주 1~2회로 충분!

10대~20대 초반의 젊은 피부는 신진대사가 활발하게 이뤄집니다. 그래서 여러분의 피부는 28일의 턴오버 주기에 들어맞아요. 그런 여러분에게 성인들이 하는 각질 제거 방식은 맞지 않아요. 과도한 각질 제거로 피부가 민감하고 건조해지거나 붉어지기도 하고, 최악의 경우 여드름을 더 유발할 수도 있죠. 10대 피부는 세안 시 스크럽 클렌징폼을 이용하거나 주 1~2회 딥클렌징 마스크로 피부 표면을 매끈하게 해주는 정도로 충분해요.

▶ 각질 제거가 꼭 필요한 10대 피부는?

주로 여드름이 잘 나는 지성 피부예요. 여드름 피부는 '과각화(hyperkeratinization)'라고 해서 각질이 다른 피부보다 더 빨리 쌓여요. 문제는 각질이 피부 표면뿐 아니라 모공 속, 즉 모공 벽까지 두껍게

과각화란? 피부의 각질층이 두꺼워지는 증상을 말해요!

만들어 모공이 쉽게 막힌다는 거예요. 피지가 나오는 통로가 좁아져서 빠져나오지 못한 피지는 면포(블랙헤드, 화이트헤드)로 바뀌게 돼요. 이 면포와 각질로 인해 여드름균이 증식하면서 <mark>화농성 여드름</mark>으로 발전하는 것이죠. 피부 표면의 각질을 제거하는 것도 중요하지만 더욱 중요한 것은 모공 속의 각질을 제거하는 거예요. 모공 속 각질을 제거하기 위해서는 스크럽 같은 피부 표면의 각질을 제거하는 제품이 아닌, 화학적 각질

> 화농성 여드름이란? 여드름이 곪아서 고름이 생기는 것을 말해요. 절대 손으로 짜면 안되요!

제거제를 사용하는 것이 효과적입니다. 클린 앤 클리어나 뉴트로지나 같은 여드름 관리용 브랜드에서는 살리실산(BHA)이 함유된 클렌저가, 유리아쥬 같은 약국용 브랜드의 여드름 라인에는 글리콜릭산(AHA)과 복합 과일산이 함유된 피부 관리 제품이 나오고 있어요. 지성 피부나 트러블 피부라면 이 제품들을 사용하는 것이 도움이 됩니다.

물리적 각질 제거제 vs. 화학적 각질 제거제

각질 제거제는 2종류가 있습니다. 바로 물리적 각질 제거제와 화학적 각질 제거제죠. 이 두 가지 각질 제거제는 어떤 차이가 있을까요?

▶ 물리적 각질 제거제

♥ 각질 제거 효과 : ★★~★★★

피부 표면을 밀어내 각질을 탈락시킵니다. 각질층은 약 15~20겹의 아주 얇은 각질들로 이루어져 있는데, 스크럽이나 필링젤을 한 번 사용하면 보통 2~3겹의 각질이 탈락합니다. 이렇게 제거된 각질은 주로 2~3일이면 원래대로 복구됩니다. 사

용하고 나면 바로 피부가 깔끔하게 정리된 느낌이 들죠. 각질 제거를 한 날은 화장도 잘 받구요. 그러나 피부에 자극을 줄 수 있다는 것이 단점입니다. 손에 힘을 많이 주거나 스크럽의 입자가 크다면 오히려 피부에 상처를 낼 수도 있죠. 손으로 하다 보니 각질 제거 효과가 균일하지 못할 수도 있구요. 그러므로 피부가 민감한 친구들은 스크럽 입자를 직접 피부에 문지르기보다, 포밍 스크럽처럼 피부와 스크럽 사이에 거품 쿠션을 넣어주는 것이 좋아요. 정상적인 피부라면 주 1~2회 정도 포밍 스크럽으로 각질 제거를 해주면 충분합니다. 지성 피부라면 여기에 딥클렌징 팩을 함께 해주면 각질 제거와 피지 제거의 두 마리 토끼를 잡을 수 있어요.

♥ 종류

물리적 각질 제거제로는 스크럽, 필링젤(고마쥬) 등이 있어요. 스크럽 제품을 선택할 때는 입자가 거친 것은 피하세요. 육안으로는 알갱이가 거의 보이지 않는 고운 입자가 좋아요. 입자가 큰 스크럽 제품 중에서는 동그란 비즈 형태가 제일 자극이 적어요.

▶ 화학적 각질 제거제

♥ 각질 제거 효과 : ★★★~★★★★★★

검색 키워드 : 아하(AHA, 알파하이드록시 애씨드, 글리콜릭산, 락틱산), 바하(BHA, 베타하이드록시 애씨드, 살리실산), 효소(엔자임) 세안제, 필링토너, 엑스폴리에이팅 클렌저

여드름 치료를 받을 때 하는 스킨 스케일링과 같은 원리예요. 하지만 집에서 쓸 수 있는 화학적 각질 제거제는 훨씬 순해요. 각질층의 각질들은 서로 딱풀 같은 접착 물질로 붙어 있어 벽돌 벽처럼 단단한 형태지요. 피부 턴오버 현상은 이 딱

풀이 약해지면서 각질들이 자연스럽게 피부에서 떨어져나가는 거구요. 하지만 각질이 제때에 탈락하지 못하면 인위적인 방법으로 딱풀을 끊어내야 해요. 이것이 바로 화학적 각질 제거 성분인 아하(AHA), 바하(BHA)가 하는 역할입니다. 누군가는 "산(acid)으로 피부를 녹여내기 때문에 위험하다"라고 말하는데 실제로는 피부를 녹이는 것이 아니라 각질과 각질 사이의 결합을 느슨하게 만든다고 보는 것이 정확합니다.

♥ 종류

아하(AHA, 글리콜릭산), 바하(BHA, 살리실산) 성분이 포함된 제품은 다양해요. 토너, 클렌저, 로션 등을 쉽게 찾아볼 수 있죠. 이 제품들은 모두 표면의 각질을 부드럽게 분해해 자연적인 탈락을 유도합니다. 각질 제거제를 별도로 사용하지 않고 기초 화장품으로 매일 각질을 정리할 수 있다는 장점이 있지만, 사용 초기엔 피부가 따갑고 건조해지는 단점도 있습니다. 여드름용 클렌저는 대부분 이러한 화학적 각질 제거 성분을 함유하고 있어요.

♥ 농도

AHA와 BHA의 장점 중 하나는 함유량(%)으로 각질 제거 기능 정도를 알 수 있다는 것이죠. 일반 피부라면 AHA 5~8%, BHA 0.5% 정도의 농도면 충분합니다. 이 정도 농도는 피부에 큰 자극 없이도 각질 제거 기능을 하죠. 여드름 피부처럼 보다 강한 각질 제거를 필요로 한다면 AHA 7~10%, BHA 0.5~2% 정도가 좋습니다.

'오늘부터 AHA, BHA 제품으로 싹 바꿔 사용해야지'가 아니라 언제나 일반 제품과 함께 번갈아 사용하는 것이 좋아요. 빨리 효과를 보고 싶은 마음에 처음부터 고농도로 사용할 필요는 없어요. 저농도로 시작해 한 통을 다 사용한 후 고농도로 높여도 결코 늦지 않아요. 저농도로 매일 사용하든, 고농도로 2~3일에 한 번 사용하든 그 효과는 비슷하니까요. 화학적 각질 제거제를 처음 사용할 때는 서서히 피부가 적응할 시간을 주는 것이 좋습니다. 농도에 상관없이 처음 시작할 때는 하루걸러 한 번씩 사용하면서 피부의 반응을 살피세요. 10~30초 동안 따끔따끔하고 살짝 간지러운 정도는 자연스러운 현상이니 걱정하지 말고요. 계속 사용하다 보면 따끔따끔한 느낌에도 무뎌지게 돼요. 그러면 하루에 한 번으로 사용량을 늘려줍니다. 피부가 적응을 한 뒤에도 매일 사용하기보다는 2~3일에 하루는 쉬어주는 것이 좋아요. 화학적 각질 제거제의 가장 큰 단점이 자신도 모르는 사이에 피부가 예민해진다는 점이거든요. 왠지 모르게 피부가 붉어진 느낌이 들거나 로션과 크림을 발랐을 때 얼굴이 화끈거린다면 사용을 중단하세요. 최소 1주일은 쉰 후에 다시 처음부터 시작하도록 합니다. 화학적 각질 제거제를 사용한 2~3일 뒤에는 세수를 할 때 피부에서 살짝 때가 밀리는 것 같은 느낌이 들 수도 있어요. 결합이 느슨해진 각질들이 세수를 할 때 물에 불어서 떨어져나가는거죠. 이때 절대! NEVER! 손가락으로 각질을 밀면 안 돼요! 피부로 올라올 준비가 안 된 어린 피부가 그대로 노출될 수도 있고, 자극을 받아 붉고 따가워질 수 있거든요. 각질이 밀려 지저분해 보일지라도 3~4일 후에는 매끈한 피부로 바뀌게 되니 조금만 참으세요!

▶ 물리적? 화학적? 난 어떤 걸 선택해야 할까

물리적 각질 제거제와 화학적 각질 제거제는 각각 장단점이 있기 때문에 한 가지만 고집할 필요는 없어요. 두 가지를 번갈아 사용하면서 각각의 장점을 얻으면 더욱 좋으니까요. 꼭 여드름 피부만 AHA·BHA 클렌저나 필링 토너를 사용해야 하는 것은 아니에요. 피부에 큰 문제가 없더라도 평소에 사용하는 각질 제거제의 효과가 만족스럽지 않다면, 더 강한 제품으로 바꾸는 것보다(스크럽 입자가 거칠수록 피부에 자극적이에요!) 필링 토너를 주 2~3회 같이 사용해주는 것이 좋아요. 필링 토너의 AHA·BHA 성분이 각질과 각질 사이의 결합을 부드럽게 해주어 스크럽을 할 때 힘을 주어 마사지하지 않아도 손쉽게 각질이 탈락되니까요.

각질 관리, 이것만은 주의하세요!

▶ 겨울철 일어나는 각질 제거하기

겨울에 눈꽃처럼 하얗게 피부가 일어났던 경험, 누구나 한 번쯤은 있죠? 이건 각질이 쌓인 게 아니라 찬바람과 건조한 공기로 표피층이 손상을 받은 거예요. 이런 각질은 제거하지 말고 유분이 함유된 촉촉한 크림을 이용해 꼭꼭 눌러주세요. 그러면 건강한 피부가 재생되면서 자연스럽게 탈락할 거예요.

▶ 여름철 각질 크림으로 눌러주기

여름철 각질은 겨울에 일어나는 각질과는 정반대라고 할 수 있어요. 여름에 콧방울 양쪽, 눈썹 근처, 이마 헤어라인 근처에 비늘처럼 반투명한 각질이 일어났다면? 각질 과잉과 피지로 인해 나타나는 '지루성 각질' 현상이에요. 심한 경우 콧방울 양 옆이 빨갛게 변하면서 물고기 비늘처럼 각질이 일어나죠. 이 증상을 '지루성 피부염'이라고 불러요. 이때 유분감 있는 크림을 발라주는 것은 불에 기름을 붓는 것과 같아요. 크림의 유분이 접착제 역할을 해 각질이 탈락되지 않을 뿐더러 피지를 먹고 사는 세균에 먹이를 주는 것과 마찬가지거든요.

지루성 피부염이란? 피부가 각질처럼 벗겨지면서 가렵거나 물집이 생기는 염증이에요. 심할 경우엔 진물이 날 수도 있으니 꼭 병원을 찾아주세요.

그렇다고 빨갛고 예민한 피부에 스크럽을 하면 더더욱 자극이 될 수 있으므로 주 1~2회 피지를 흡수하는 딥클렌징 팩을 해주면서 BHA나 효소가 들어간 클렌저를 사용해주세요. 주 1~2회 니조랄을 약간 희석한 물에 콧방울을 마사지하듯 씻어내는 것도 도움이 됩니다. 비듬균과 지루성 피부염균은 비슷한 종류거든요.

▶ 화농성 여드름 피부, 스크럽으로 각질 제거하기

여드름 피부는 표면이 염증으로 예민해진 상태이지요. 이때 표면을 마찰하는 스크럽은 피부를 자극하고 피부에 온도를 높여 염증이 더 심해질 수 있어요. 그러니 각질 제거 성분이 함유된 클렌저나 토너를 이용하도록 하세요.

블랙헤드 &
화이트헤드
소탕작전
★★★

블랙헤드와 화이트헤드, 뭐가 다를까?

검색 키워드 : 블랙헤드(개방 면포), 화이트헤드(폐쇄 면포), 효소 세안제, 파파야 효소, 파파인(papain)

블랙헤드는 개방 면포라고 불립니다. 그 이유는 피지의 머리가 열린 모공을 통해 어느 정도 피부 위로 노출(개방)되기 때문이죠. 이렇게 노출된 피지는 공기 중에서 산화 되어 검게 변합니다. 블랙헤드는 결코 더러워서 생긴 것이 아니에요!

화이트헤드는 좁쌀 여드름이라고 불리며 폐쇄 면포라고도 합니다. 피지가 갇혀 있기 때문에 산화되지 않고 피부 안에 흰 좁쌀이 들어간 것처럼 보이죠. 턱에 하얗고 오돌토돌하게 생긴 것들이 바로 화이트헤드에요. 보통 땐 육안으로 보이지 않지만 햇빛 아래, 형광등 아래에서 피부를 쫙~ 당기면 드러나죠. 겉으로만 봤을 때는 콧등의 블랙헤드가 훨씬 지저분해 보이지만 정작 염증성 여드름으로 발전하는 것은 화이트헤드에요. 그러므로 블랙헤드, 화이트헤드 모두 관리를 해주는 것이 좋아요. 블랙헤드는 피지가 어느 정도 피부 밖으로 나와 있기 때문에 집에서도 관리가 가능하지만 화이트헤드는 피부 속에 갇혀 있어 짜는 것은 힘들어요. 압출은 병원에서 전문가에게 맡기도록 하고 집에서는 화학적 각질 제거 성분이 함유된 클렌저나 에센스를 사용해주면 도움이 된답니다.

블랙헤드 없애는 방법

▶ **코팩** ☞ 주 1회

코팩의 원리는 매우 단순해요. 열려진 모공을 통해 피부 위로 올라온 블랙헤드를 스티커처럼 붙여서 뽑아내는 것이니까요. 코팩으로 블랙헤드가 대박 뽑혔다는 사람도 있고 전혀 뽑혀 나오지 않았다고 하는 사람들도 있죠? 그 이유도 간단해요. 코팩의 스티커 면에 붙은 피지의 머리보다 모공 속에 있는 피지의 엉덩이가 더 크다면 잘 뽑히지 않겠죠? 그러니 코팩을 하기 전에는 샤워를 하거나 스팀 타월을

해서 피지의 머리를 최대한 피부 위로 끌어올리는 것이 좋아요. 송글송글 피지머리가 올라온 후 코팩을 하면 쉽게 뽑혀 나옵니다. 주 1회 정도가 적당해요.

Tip 스팀 타월을 만들기 힘들면 스킨을 화장솜에 적셔서 코에 얹어주세요. 그러면 수분을 흡수하기 위해 모공이 열리고 피지도 수분으로 불어나 피부 위로 더 올라옵니다.

▶ 효소 세안제 ☞ 주 2~4회

일주일에 한 번 코팩으로 블랙헤드를 제거했다면 나머지 6일 동안은 피지가 모공 속에 쌓이지 않도록 해야겠죠? 각질과 피지를 제거하는 데에 쓰이는 성분은 여러 가지가 있는데, 그중에서도 가장 순하고 피지에 효과적인 성분은 효소입니다. '효소 세안제'라고 불리는 파우더 타입의 세안제는 시중에도 많아요. 얼굴 전체가 지성 피부라면 매일, 코 부분에 블랙헤드가 집중된 중·지성 피부라면 주2~4회 정도 사용해주면 작은 블랙헤드의 제거와 예방에 효과적입니다.

▶ 극세사 타월 ☞ 주 1~3회

일반 클렌저로도 효소 세안제처럼 피지와 각질을 효과적으로 제거할 수 있을까요? 방법은 있습니다! 바로 다이소나 화장품 로드숍에서 파는 세안 타월·극세사 타월을 활용하는 거죠. 타월에 클렌징폼을 묻히고 충분히 거품을 내서 얼굴에 가볍게 마사지해주세요. 각질뿐만 아니라 피지도 한결 잘 제거돼요. 특히 세안이 끝나도 모공에 보글보글 피지가 올라오는 피부에 매우 효과적이죠. 모공 속에 조금씩 쌓여 있던 메이크업 잔여물을 제거해주는 딥클렌징 효과도 좋아요. 블랙헤드 제거뿐만 아니라 예방으로도 good!!!

Q : 코팩을 하면 모공이 넓어지지 않나요?

코팩으로 블랙헤드를 제거하면 뽑힌 자국이 그대로 남아 모공이 넓어진다는 말을 들었어요. 이게 사실인가요?

A : 관리만 제대로 해준다면 괜찮아요.

커다란 블랙헤드를 뽑고 나면 그 자리는 모공이 뻥! 뚫린 모양이죠? 그래서 코팩이 모공을 더 넓게 한다는 소문이 있구요. 하지만 그 자리는 어차피 블랙헤드로 이미 넓어져 있고 블랙헤드를 뽑지 않는다면 점점 더 커질 운명인 거죠. 블랙헤드를 뽑은 후에는 모공 수축팩 등으로 관리해주세요. 조금씩 모공이 원래대로 돌아옵니다.

Q : 아침에는 물로만 세안하는 것이 좋은가요?

아침에 세안할 때 클렌저를 쓰면 피부가 건조해진다고 하는데 정말인가요? 물로만 세안하기 찝찝한데, 물로도 더러움이 충분히 제거 될까요?

A : 피부 타입에 따라 달라요!

자고 일어났을 때의 피부는 저녁때처럼 먼지와 메이크업으로 뒤덮여 있진 않아요. 하지만 지난밤에 바른 크림의 잔여물이나 밤 동안 분비된 피지는 가볍게 씻어내는 게 좋아요. 만약 건성 피부거나 겨울철에 피부가 많이 건조할 때는 물로만 세안을 해줘도 충분해요. 하지만 지성 피부거나 여름철이라면 아침에도 피부가 많이 번들거리거나 끈적일 거예요. 그럴 때는 부드럽고 촉촉한 클렌징폼으로 가볍게 씻어내고 기초화장을 시작하는 것이 좋습니다.

Q : 세안을 오래하면 더러움이 다시 모공 속으로 들어가나요?

클렌징 오일을 사용하는데요. 꼼꼼하게 문질러서 화장을 지우려고 해도 클렌징 시간이 너무 길어지면 이물질이 모공으로 다시 들어간다는 말을 들었어요. 세안은 무조건 빨리 끝내는 것이 좋은가요?

A : 2~3분 내로 끝내면 괜찮아요!

세안을 너무 오래 하다보면 이물질이 모공 속으로 다시 들어간다는 말, 들어본 적 있죠? 더 꼼꼼하게 씻고 싶어도 이 말 때문에 얼른 끝내버리는 친구들도 있을 거예요. 하지만 제거된 이물질은 절대 모공 속으로 다시 들어가지 않으니 안심하세요! 세안제는 얼굴에 묻은 이물질을 감싸 안는다고 생각하면 돼요. 돌을 가운데 넣고 눈을 굴린 것과 같죠. 거품 속에 갇혀 눈덩이같이 커진 이물질이 모공 속으로 다시 들어가는 건 불가능한 일이죠. 그러므로 걱정 말고 충분하게 시간을 들여 꼼꼼히 세안하도록 하세요.

물론! 한없이 오래해도 괜찮다는 건 아니에요. 클렌징 오일의 경우 아직 물 세안이 완벽하게 이루어지는 제품이 없어요. 클렌징 오일로 오래 마사지를 하다보면 오일 자체가 모공을 막을 수 있죠. 클렌징 오일로 얼굴을 계속 문지르다 피부가 뜨끈뜨끈 달아오르는 것을 경험한 친구들도 있을 거예요. 피부의 마찰열과 자극 때문에 나타나는 현상이죠. 물론 계면활성제가 많이 들어간 클렌징폼 역시 피부와 너무 오랫동안 접촉하게 되면 자극적일 수 있으므로 세안은 2~3분 이내로 끝내는 것이 좋아요.

클렌징 할 때 주의할 점!

★ 연예인 동안 세안 비법 따라 하기

솜털 세안법? 건세안법? 연예인들의 세안법은 대부분 과학적 근거가 떨어지는 TV 방송용 세안법이에요. 피부에 자극을 줄 수 있을 뿐만 아니라 이물질이 얼굴에 남아있을 수도 있어요.

★ 지성 피부, 하루 3번 세안하기

피지 분비가 심한 지성 피부라도 하루에 3번 이상 클렌저를 사용해 세안을 하게 되면 피부에 탈수를 일으킬 수 있어요. 클렌징폼·비누 등 클렌저를 이용한 세안은 하루 2번 정도가 적당해요. 땀이나 피지 때문에 세안을 한다면 물만으로도 충분하구요.

★ 뜨거운 물로 개운하게 세안하기

뜨거운 물로 세안을 하고 나면 피지가 쪽! 빠지고 개운한 느낌이 들죠? 그러나 실제로는 피부 표면의 천연 보습

막까지 제거하여 피부가 건조해질 수 있어요. 더군다나 모세 혈관이 확장되는 등 피부 트러블도 생길 수 있죠.

세안은 미지근한 물로 할 것!

★ 모공 수축에 효과적인 찬물로 세안하기

아주 차가운 물로 세수를 하면 모공 수축에 효과적이라는 말이 있죠? 하지만 찬물은 피부 표면의 피지를 굳게

만들어요. 게다가 모공을 일시적으로 수축시켜 모공 속 노폐물이 빠져나오는 것을 방해하죠. 결국 피지와 각질

이 그대로 남아 모공이 점점 더 커지게 됩니다. 세안은 피부 온도보다 살짝 높은 미지근한 물로 해주세요. 피부

표면의 더러움뿐만 아니라 모공 속의 더러움도 함께 제거할 수 있답니다.

나훈녀 • 자, 제가 여러분에게 해주고 싶었던 얘기는 여기까지입니다. 모두들 하루 동안 제 특별 수업을 듣느라 수고가 많았어요. 특히 화떡 학생이 도와주었기 때문에 수월하게 진행할 수 있었어요. 화떡 학생, 고마워요!

김화떡 • ……

학생들 • …….

나훈녀 • 여러분…… 왠지, 여기서 끝내면 아쉬울 것 같죠?

학생들 • ……!! 네!

김화떡 • 좀 더 수업을 듣고 싶어요!

나훈녀 • 이쯤 되면 여러분들이 그러지 않을까 싶어서, 제가 미리 보충 수업을 준비했답니다. 저란 여자, 참 준비성이 좋기도 하죠? 그럼 마지막 수업을 시작해볼까요? 이번에는 여러분이 파우치에 가지고 다니면 좋을 아이템과 함께 천연 화장품의 허구와 진실에 대해 알아보는 시간을 가질 거예요. 준비됐나요?

학생들 • 네!

보충수업

직접 만드는
천연 화장품

천연 성분은 피부에 안전하다?

방부제가 들어가지 않는 천연 화장품은 피부에 순하다? 많은 사람들이 이렇게 믿고 있지만 실제론 그렇지 않답니다. 천연 성분이 꼭 피부에 안전하다고 단언할 순 없어요. 밭에서 나는 고추도 먹을 수 있는 안전한 식품이지만 피부에 닿았을 땐 큰 자극이 될 수 있어요.

우리의 소화 기관에는 효소나 위산 같은 매우 강력한 분해 성분들이 존재해요. 피부에는 이런 성분이 없기 때문에 닿았을 때 큰 자극이 될 수 있어요. 우리가 자극이 될 거라고 미처 생각하지 못했던 천연 성분들이 피부 위에서는 자극이 될 수 있다는 거죠. 천연 화장품 레시피에 자주 등장하는 당근, 양파, 꿀 등도 마찬가지예요. 진정 성분의 대명사인 알로에도 알레르기 반응을 일으키는 사람이 종종 있어요. 천연 화장품이라고 무조건 안전할 것이라 생각하지 말고, 사용하기 전에 팔 안쪽에 살짝 바르고 48시간 정도 지켜보는 테스트를 거치는 것이 좋아요. 또한 인터넷 등에서 판매하는 한방팩 가루들은 위생이 검증되지 않은 것들이 대부분이에요. 가급적 구입하지 말고 식용으로 판매하는 녹차 가루 등을 이용하세요.

이제 어떤 제품이 천연 화장품으로 적합한지 알아보도록 할까요?

▶ 홈메이드 천연 화장품으로 적합한 제품

♥ 오일 베이스의 제품 ☞ 립밤, 바디 버터, 페이셜 스크럽, 바디 스크럽 등

성분 구성이 단순해 만들기 쉬울 뿐만 아니라 오일베이스의 제품은 변질될 가능성도 낮아요.

♥ 1회성으로 사용할 수 있는 제품 ☞ 천연팩

천연 화장품으로 가장 추천하고 싶어요. 일회성으로 사용해 별도로 보관할 필요가 없죠. 또한 즉각적인 수분 공급과 진정 효과는 시판되는 화장품보다 우수해요. 2~3가지 재료를 섞으면 보다 다양한 효과를 얻을 수 있답니다.

▶홈메이드 천연 화장품으로 부적합한 제품

♥ 기능성 화장품' ☞ 화이트닝 제품, 자외선 차단제

기능성 화장품을 직접 만드는 것은 피하는 게 좋아요. 시판되는 기능성 화장품은 안전성, 유효성 등을 까다롭게 검증받은 제품들이에요. 기능성 화장품은 단순히 성분을 믹스하는 데 그치지 않고 피부 침투력, 피부 표면에서의 지속력을 유지시켜야 효과가 커요. 홈메이드 제품은 이런 기능들이 현저하게 떨어지게 마련이죠.

Q : 레몬즙으로 만든 토너를 쓰면 미백 효과가 있을까요?

레몬이 미백에 좋다는 말이 있는데요. 레몬으로 만든 토너를 꾸준히 사용하면 실제로 미백 효과를 볼 수 있나요?

A : 토너로는 미백 효과를 보기 힘들어요.

레몬하면 비타민 C가 떠오르죠? 레몬에 함유된 비타민 C의 양이 무척 높을 것 같지만, 실제로는 그렇게 높지 않아요. 그나마 비타민 C가 많이 함유되어 있는 부분은 과즙이 아닌 껍질이에요. 하지만 농약이 묻어 있는 레몬 껍질로 토너를 만든다면? 천연 화장품의 의미가 있을까요? 어떤 레몬 토너 레시피에는 알코올 대신 청주나 소주를 넣기도 하는데 이러면 민감한 피부에 더 자극이 될 수 있어요.

그렇다고 레몬이 천연 화장품으로 효과가 없는 것은 아니예요. 낮은 PH로 피부에 자극이 될 우려는 있지만 각질을 녹이는 효과가 있거든요. 천연팩을 만들 때 레몬 주스를 소량 섞어주면 각질 제거 효과가 높아지죠.

시중 화장품들에 들어간 방부제와 기타 첨가제들이 피부에 트러블을 일으킨다는 루머가 많지만 천연 화장품이 가지고 있는 문제 또한 적지 않아요. 대표적인 것이 쉽게 부패한다는 점이죠. 방부제가 충분히 들어가 있지 않다면 더더욱 빨리 부패할 거예요. 생각해보세요. 집에서 만든 채소즙이 실온에서 신선한 상태로 얼마나 버틸 수 있을지를.

토너, 로션 같은 수분이 베이스로 된 제품들은 다른 것들보다 부패의 위험성이 높아요. 냉장고에 보관한다 할지라도 신선도를 유지할 수 있는 기간은 그리 길지 않아요. 만들었다면 1~2주 안에 사용하는 것이 바람직해요.

내 마음대로 믹스 매치하는 천연팩

자, 천연팩을 만들기 전에 준비물을 살펴볼까요?

준비물

믹서, 거즈, 팩 브러시, 천연팩 재료

♥ **믹서**

재료들을 고르게 섞어주고 피부에 바르기 좋도록 부드럽게 만드는 역할을 해요.

♥ **거즈**

곡물이나 수분이 많은 과일들은 팩으로 만들어도 주르륵 흘러버리고 피부에 제대로 밀착되지 않죠. 이때 거즈를 깔아주면 팩 재료를 단단히 잡아주고 팩이 빨리 마르지 않게 도와줘요. 그래서 팩을 피부 위에 듬뿍 바를 수 있죠. 마지막에 거즈를 떼어내기만 하면 팩을 제거하는 것도 쉬워요.

♥ **팩 브러시**

팩 브러시는 화장품 매장에서도 쉽게 찾아볼 수 있지만 좀 더 품질이 좋은 도톰한 브러시를 찾는다면 미술 재료상에서 구입하는 것이 좋아요.

자, 준비물을 갖췄다면 본격적으로 천연팩을 만들어볼까요?

▶ **성분1 ☞ 과일과 채소**

과일과 채소가 가지고 있는 주요 성분(비타민, 미네랄 등)을 이해하면 내 피부에 맞는 천연팩을 만드는 데 도움이 됩니다. 미백용 천연팩에 주로 사용되는 과일은 비타민 C를, 건성용 천연팩에 사용되는 재료들은 비타민 E를 많이 함유하고 있죠.

비타민 E가 풍부한 과일로는 대표적으로 아보카도가 있어요. 하지만 아보카도는 가격이 비싸니 엄마께 스페셜 마스크를 해드릴 때 한번 사용해보세요. 여드름 피부용 천연팩에 많이 사용되는 당근은 항염, 항균 효과의 유황(설퍼)성분과 프로비타민 A인 카로틴이 풍부합니다(100g당 11g). 비타민 A는 피부 턴오버를 도와주죠. 피부과에서 처방받는 여드름 약(로아큐탄, 스티바A)의 주성분도 비타민 A에요. 프로비타민 A는 신체에서 비타민 A로 전환되므로 얼굴에만 양보할 것이 아니라 섭취도 열심히 해주면 더욱 효과적이랍니다.

> **Tip**
> 과일과 채소 단독으로도 얼마든지 천연팩을 만들 수 있어요. 하지만 키위나 사과처럼 산도가 낮은 과일들이 있어요. 이런 과일들을 사용하는 경우 PH가 너무 낮아지지 않도록 산도가 낮지 않은 과일·채소(아보카도, 바나나 등)와 함께 믹스를 하는 것이 좋아요.

▶ 비타민 C가 풍부한 과일&채소 TOP 10(100g당 함유량)

아세로라 : 1.7g	브로콜리 : 0.09g
구아바 : 0.23g	키위 : 0.09g
블랙커렌트 : 0.20g	파파야 : 0.06g
파슬리 : 0.13g	오렌지 : 0.059g
케일 : 0.12g	딸기 : 0.059g

▶ 성분2 ☞ 팩 베이스

믹서로 간 채소와 과일은 수분이 너무 많고 쉽게 덩어리지기 때문에 피부에 균일하게 펴 바르기가 쉽지 않아요. 그럴 땐 파우더 타입의 베이스를 사용하면 편리해요. 천연팩을 시중에 판매되는 크림 타입 마스크처럼 만들어주죠. 채소와 과일을 가는 것이 번거롭다면 팩 베이스와 부스터만 믹스해도 훌륭한 마스크가 돼요.

♥ 밀가루

팩이 마르면서 피부를 수축시켜 주는 효과가 있어요. 피지를 제거하면서 모공도 수축시키고 싶을 때 사용하세요.

♥ 카올린(백토)

진정, 딥클렌징 효과로 팩을 하고 나면 피부가 뽀얗고 깨끗해지죠. 피부가 건조해지지 않아 모든 피부가 사용할 수 있어요.

♥ 프렌치 그린 클레이

항균 효과로 여드름 피부가 사용하면 좋아요.

♥ 분유

진정 효과와 보습 효과가 있어요. 중·건성 피부에 적합해요.

♥ 코코아 파우더

폴리페놀 함유량이 높아 항산화(안티에이징) 효과가 있어요. 모든 피부에 좋아요.

♥ **오트밀 가루**

믹서에 곱게 갈아서 사용하세요. 수분을 잡아주는 효과와 진정 효과가 뛰어나요. 여드름 피부, 가려운 예민 피부, 수분이 부족한 피부 등 모든 피부에 좋아요.

▶ 성분3 ☞ 부스터

과일스무디 전문점에 가면 음료에 넣을 수 있는 '부스터'가 있죠? 식이 섬유, 비타민 등등 종류도 다양하죠. 팩도 마찬가지예요. 부스터는 천연팩에 플러스알파 효과를 줍니다. 물론 꼭 넣을 필요는 없어요. 부스터는 천연팩에 '이런 효과도 있었으면 좋겠다' 할 때 추가로 넣어주는 정도죠. 마트의 수입 식재료 코너에 가면 다양한 부스터 재료를 발견할 수 있답니다.

♥ **그린티, 카모마일티**

피부를 진정시키고 붉은 기를 완화시켜주기 때문에 진하게 우려서 냉장고에 보관한 후 가루 성분의 팩 재료를 사용할 때 물 대신 사용하세요.

♥ **파인애플 주스**

고기를 잴 때 파인애플 주스를 넣으면 부드러워지죠? 그건 파인애플 안의 효소(브로멜라인)작용 때문이에요. 팩에 블랙헤드와 각질 제거 효과를 원한다면 살짝 넣어주세요.

♥ 레몬 주스

각질 제거 효과가 있어요. 산도가 낮으므로 많이 넣지 마세요. 3~5방울 정도로도 충분해요.

♥ 엑스트라 버진 올리브 오일, 포도씨유

항산화, 비타민 E, 필수 지방산이 들어 있어요. 건조한 모발을 위한 크림팩에 넣어도 좋고 건성, 가려운 피부를 위한 크림팩에 한 티스푼씩 더해주세요.

♥ 플레인 요구르트·사워 크림

각질 제거 효과, 보습 효과, 미백 효과가 있어요. 모든 피부에 좋아요.

자. 이 성분 1, 2, 3 중에서 자신의 피부에 맞는 걸 하나씩 선택하세요! 그 후에 믹서로 다진 곡물이나 채소 + 과일을 팩 베이스에 섞어 부드럽고 되직하게 만든 후 부스터를 몇 방울 떨어뜨립니다! 이렇게 만든 팩을 피부에 한 겹 바르고, 물에 적신 거즈를 얹어준 후 다시 한 번 발라줍니다. 15분 후 물로 헹궈내면 끝! 어때요, 간단하죠?

5분 만에 만들어 쓰는 천연 화장품 레시피

♥ 브라운 슈거 페이셜 스크럽

여드름 피부를 제외한 모든 피부 타입에 적합해요.

브라운 슈거 1테이블스푼(15g), 곱게 갈은 오트밀 가루 1티스푼(3~4g), 엑스트라 버진 올리브 오일 2티스푼(8g).

♥ 복숭아 바디 스크럽
여름철 팔꿈치와 무릎, 발뒤꿈치를 깔끔하게 만들어줍니다.
브라운 슈거 1테이블스푼(15g), 곱게 갈은 복숭아씨 파우더 1티스푼(3~4g), 해바라기 씨 오일 3/4 테이블스푼(12g), 라벤더 에센셜 오일 5방울.

♥ 코코넛 크림린스
파마와 염색으로 상한 머리카락에 영양을 공급해줍니다.
잘 휘저은 달걀노른자 1개, 코코넛 크림(통조림) 1테이블스푼, 꿀 2티스푼.

♥ 디톡스 바디 마스크
등드름, 슴드름 부위에 사용하세요.
그린 클레이 마스크 3테이블스푼, 플레인 요구르트 3테이블스푼, 레몬 주스 2티스푼, 티트리 오일 10방울.
바디 마스크를 바른 후 쿠킹 랩이나 쿠킹 호일을 이용해 바른 부위를 잘 감싸주세요. 30분 후에 샤워하면서 씻어내면 됩니다.

파우치 안
엿보기 ♥

1회용 물티슈
번진 메이크업을 수정할 때 좋아요.

선팩트·에어쿠션 선파우더
오후에 번들거리고 칙칙해진 피부를 보송보송, 화사하게 수정해주면서 자외선 차단도 더해주는 효과!

기름종이
지성 피부라면 필수죠.

SPF 15 이상의 립글로스·틴트
입술의 자외선 차단도 절대 잊지 마세요.

펜슬 타입 아이섀도
두꺼운 크레용 타입으로 슥슥 그려주기만 하면 간단하게 포인트 메이크업이 완성! 파우치에 들고 다닐 메이크업 제품은 펜슬·스틱 타입이 좋아요. 가루 타입은 깨지기도 쉽고 브러시 등의 도구가 필요한 반면, 펜슬·스틱 타입은 간단하게 사용할 수 있죠. 파우치 안 자리를 많이 차지하지도 않구요.

립스틱형 컨실러
부분적으로 화장이 벗겨졌을 때 손쉽게 복구할 수 있죠. 뿐만 아니라 민낯으로 나왔는데 갑자기 화장을 해야 할 일이 생겼다면! 스피디하게 쌩얼 화장도 할 수 있어요.

멀티 크림
니베아 크림처럼 얼굴, 손, 팔꿈치 등 어디에나 바를 수 있는 멀티 크림이 있으면 좋아요. 건조함을 느낄 때 살짝 발라주면 되니까요. 튜브나 양철통 타입으로 된 휴대용 사이즈는 가지고 다니기에도 간편해요.

이렇게 총 6교시, 보충수업까지 7교시에 걸친 나훈녀의 메이크업 교실이 막을 내렸다. 나훈녀는 긴장된 표정으로 학생들을 내려다봤다.

'각자가 가지고 있는 장점을 살리면 누구나 훈녀가 될 수 있다'는 그녀의 마음이 학생들에게도 전해졌을까?

나훈녀는 다시 입을 열었다.

"꾸미는 것에 눈을 뜨기 시작한 여러분에게 어른들이 하는 말이 있죠. '너무 외모에만 신경을 쓰면 머리 나빠 보인다', 혹은 '불량 청소년 같아 보인다'는 말. 하지만 생각해보세요. 요즘 우리 사회에서 '외모'는 빼놓을 수 없는 스펙 중에 하나에요. 예쁜 사람은 남자친구가 생기기도 쉽고, 면접을 볼 때에도 좋은 인상을 줄 수 있어요. 그 이유가 뭘까요? 우리가 살고 있는 이 세상이 외모지상주의 사회라서?"

나훈녀는 이렇게 묻고 학생들을 둘러보았다. 모두가 그녀의 말을 귀담아 듣고 있었다.

"No~ 바로 자신감 때문이에요. 자신감이 있는 사람은 어디서든지 당당하게 행동하고, 사람들은 그 매력에 끌리게 되는 거죠. 남자친구나 면접 같은 이유로 성형수술을 해서 얼굴을 갈아엎으라는 말을 하는 것이 아니에요. 여자는 누구나 '메이크업'이란 마법을 걸 수 있어요. 정말 빼어난 미인으로 다시 태어나진 못해도 훈녀의 분위기는 누구나 낼 수 있는 거예요. 메이크업은 여러분의 단점을 감추는 것이 아니라, 장점을 극대화시켜 자신감을 키우는 수단이 되어야 해요."

나훈녀는 자신감 있는 목소리로 말을 이어갔다.

"자신의 장점을 정확히 아는 사람은 훈녀가 될 수 있는 강한 무기를 가진 거예요. 단점을 가리는 데에 급급해하지 마세요. 아무리 자신이 못생겼다 생각할지라도, 여러분 얼굴에는 각자 다른 장점이 반드시 존재해요. 그 장점을 살려 나를 자신감 넘치는 훈녀로 만들어주는 것이 메이크업이란 마법이구요. 더 이상 다른 사람 흉내만 내지 마세요. 여러분 자신이 되세요. …저의 특별 수업은 여기까지입니다. 이상입니다."

강의를 마친 나훈녀는 떡칠 여자 중학교의 학생들을 향해 고개를 숙여 인사했다. 강당 안에 잠시 정적이 흐르더니, 곧이어 박수 소리가 쏟아져 나왔다.

나훈녀의 진심이 전해진 것일까? 김화떡 및 학생들이 모두 그녀를 향해 열렬한 박수를 보내고 있었다. 선생님들도 나훈녀의 열정에 감탄한 모양이었다.

나훈녀는 가슴 한편이 벅차오르는 것을 느꼈다. 그리고 특별 수업 종료와 함께 나훈녀의 짧디 짧은 교장 생활도 막을 내렸다.

'이 맛에 선생님을 하는 걸까? 하지만 내 자리는 역시 따로 있어.'

나훈녀는 후련한 기분으로 교장직에서 물러나 드루와 살롱의 원장으로 되돌아갔다.

5년 후.

서울 강남의 한 카페 안. 신인 여자 배우가 기자와 함께 인터뷰를 진행하고 있다.

"김화떡 씨, 다음 질문입니다. 조금 짓궂은 질문일 수도 있는데요. 개성 있는 외모와 실력으로 예쁘기 만한 여배우들과 다른 매력을 보여주고 있다는 것이 세간의 평인데, 혹시 성형을 생각하신 적이 있으신가요?"

김화떡이라 불린 여배우는 질문을 듣고 밝은 목소리로 대답했다.

 "물론 있죠. 많아요. 전 어렸을 때부터 꿈이 배우였는데 보시다시피 얼굴이 예쁜 편은 아니잖아요. 그래서 늘 고민이 많았어요. 고등학교를 졸업하면 바로 성형을 할 생각이었죠."

기자는 의외라는 듯이 놀라며 다시 물었다.

 "그래요? 너무 매력적인 얼굴이신데. 그래서 성형을 하셨나요?"

 "아뇨. 안 했어요. 중학교 때 깨달음을 얻었거든요."

 "깨달음이요?"

김화떡은 고개를 끄덕거리며 말을 이어갔다.

 "제가 중학교 때 교장 선생님이 바뀐 적이 있었는데, 그 전에 하루 동안 임시 교장 선생님을 맡은 분이 계셨거든요. 제가 그때만 해도 정말 말도 안 되게 화장을 하고 다녔어요. 제 얼굴에 바르기에는 너무 하얀 BB크림을 바르고, 아이라인도 1㎝두께로 그리고… 그랬는데 그 임시 교장 선생님 덕분에 서서히 변하기 시작했어요."

 "어떻게요?"

 "제가 직접 이런 말씀을 드리긴 부끄럽지만, 입술이 나름 저의 매력 포인트잖아요. 그런데 학교 다닐 땐 제 입술이 싫었어요. 입술보다도 쌍꺼풀 진 크고 예쁜 눈을 갖고 싶었거든요. 그래서 아이라인도 그렇게 두껍게 그리고 다닌 거구요."

 "그럼요. 김화떡 씨 하면 앵두 같은 입술이죠."

기자의 말에 김화떡이 쑥스러운 듯이 미소를 지었다.

"그런데 그분이 그러셨어요. 남의 흉내를 내지 말고 자기 자신의 장점을 바로 알라고. 정석 미인은 될 수 없지만 자신감을 갖추면 누구나 매력적인 여자로 다시 태어날 수 있다고요. 그리고 화장은 각자의 장점을 돋보이게 하는 수단이어야 한다구요. 그때부터 제 장점인 입술이 더욱 예뻐 보이도록 많은 노력을 했어요. 립밤은 수시로 챙겨 바르고, 입술 마사지도 해주고, 어떤 컬러가 제 입술에 잘 어울릴지 연구도 많이 했고. 그렇게 하니까 정말 제 자신의 색다른 매력이 보이기 시작했어요."

"그런 에피소드가 있었군요. 그럼 마지막으로 질문 드릴게요. 지금 이 순간에도 많은 사람들이 자신의 외모로 고민할 텐데요. 그분들에게 한 말씀을 드린다면?"

기자의 질문에 김화떡은 잠시 생각에 잠겼다. 그리고 밝게 웃으며 대답했다.

"더 이상 다른 사람의 흉내는 내지 마세요.
여러분 자신이 되세요."